计算机系列教材

邓平　王元亮　编著

计算机网络应用技术实务教程

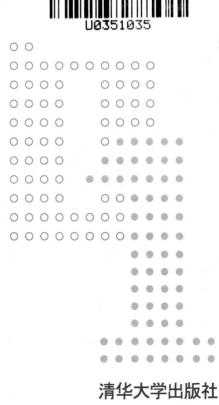

清华大学出版社

北京

内 容 简 介

本书是一本基于工作过程项目化的实战书。全书以网络应用项目为主线、案例剖析为导向、任务分解为流程,全面介绍了计算机网络应用技术的基本原理和方法,侧重于项目、案例在实际工作中的应用。全书分为6篇共12章,主要内容包括计算机网络应用技术基础、LAN 局域网构建、WLAN 无线网络构建、ADSL 宽带接入 Internet、企业级网络构建、网络服务器配置及应用等内容。

本书图文并茂,注重实用性和实践性,实训内容丰富,案例操作典型,实训任务和案例操作融合在课程内容中,将理论知识与实践操作很好地结合起来,每一章后面都配有相应的实训任务及思考习题,实现理论与实践的一体化教学,真正把培养学生的操作方法和应用能力放在了首位。

本书可作为应用型本科计算机、电子商务等相关专业的教材,也可作为培训教材及对计算机网络应用技术感兴趣的初学者用书。

图书在版编目(CIP)数据

计算机网络应用技术实务教程/邓平,王元亮编著. --北京:清华大学出版社,2016(2021.8 重印)
计算机系列教材
ISBN 978-7-302-43860-1

Ⅰ. ①计…　Ⅱ. ①邓…　②王…　Ⅲ. ①计算机网络-高等职业教育-教材　Ⅳ. ①TP393

中国版本图书馆 CIP 数据核字(2016)第 108589 号

责任编辑:张　民
封面设计:常雪影
责任校对:白　蕾
责任印制:杨　艳

出版发行:清华大学出版社
　　　　网　　址:http://www.tup.com.cn,http://www.wqbook.com
　　　　地　　址:北京清华大学学研大厦 A 座　　　　　邮　　编:100084
　　　　社 总 机:010-62770175　　　　　　　　　　邮　　购:010-83470235
　　　　投稿与读者服务:010-62776969,c-service@tup.tsinghua.edu.cn
　　　　质量反馈:010-62772015,zhiliang@tup.tsinghua.edu.cn
　　　　课件下载:http://www.tup.com.cn,010-83470236
印 装 者:涿州市京南印刷厂
经　　销:全国新华书店
开　　本:185mm×260mm　　　　印　张:15.5　　　字　　数:341 千字
版　　次:2016 年 8 月第 1 版　　　　　　　　　　印　　次:2021 年 8 月第 7 次印刷
定　　价:34.50 元

产品编号:068935-01

21世纪是互联网发展和应用的时代,网络不断改变着人们的工作、学习和生活方式,给人们带来了极大的便利。但是,随着互联网的普及,网络技术的不断更新发展,网络带来的网络技术问题也越来越多。因此,无论从个人的角度还是从企事业单位的角度来说,网络技术越来越受到重视,需要大量熟练掌握网络技术方面的建设、管理及维护的技能型人才。本书的教学目的是在计算机网络应用技术理论够用的基础上,重在培养计算机网络应用技术实践能力强、综合素质高的人才。

"计算机网络应用技术"是应用型普通本科计算机类专业学生的必修课、非计算机类专业的选修课。本书是根据应用型本科和高职院校的教学思想及培养目标,通过调研就业市场目前对网络应用技术方面的人才的需求和技术要求,并结合应用型本科和高职院校计算机类专业在计算机网络应用技术方面的教学实践经验,征求了多所院校计算机教学工作者的意见,组织专家经过多次认真的研讨后编撰的。本教材除了继承不同时期出版的计算机网络教材的优点外,重点在学科的针对性、实用性、科学性、先进性和专业发展上进行了改进和拓展,以使教学对象通过本教材的学习更能适应未来社会对计算机网络技术的应用需要。

本书注重理论联系实际,强调实践能力的培养,将实训内容融合在平时的授课的内容中。通过本书的学习,不仅可以了解计算机网络技术的基本理论,掌握计算机网络应用技术方面的配置、维护及管理的技能,而且可为今后进行网络管理、网络维护及网络配置和网络安全等技术的应用奠定一定的基础。

本书以网络应用项目为主线,案例剖析为导向,任务分解为流程,全面地介绍了计算机网络应用技术的基本原理和方法,侧重于项目和案例在实际工作中的应用,构建了"教、学、做"三位一体的教学模式,把企业项目及岗位技能直接引入课堂教学中,并且在章节的编排上体现了上述思想。全书共分为6篇12章,第1篇介绍计算机网络技术基础,包括第1章计算机网络概述、第2章RJ45跳线制作及应用;第2篇为LAN局域网构建,包括第3章计算机网络组建基础、第4章小型局域网组建、第5章局域网资源共享应用;第3篇介绍WLAN无线网络构建,包括第6章小型无线局域网;第4篇介绍ADSL宽带接入Internet,包括第7章局域网共享上网;第5篇介绍企业级网络构建,包括第8章企业级交换机与路由器基础、第9章交换机技术及应用、第10章路由器技术及应用;第6篇介绍网络服务器配置及应用,包括第11章Windows服务器操作系统的安装、第12章Windows Server 2012网络服务器配置等内容。

　　本书的编写得到了各方面的支持,得到多名专家的指导,在此,我们一并表示衷心的感谢。对于在本教材中未一一标明的被引用者的姓名和论著的出处,我们在此表示歉意,并同样表示感谢!

　　由于计算机网络技术的发展迅速,加上时间仓促,我们真诚地希望广大师生和专家对本书提出宝贵意见,请联系邮箱 153939460@qq.com,以便我们今后对教材进行修订,并逐步加以完善和提高。

作　者

FOREWORD

第 4 篇　ADSL 宽带接入 Internet

第 5 篇　企业级网络构建

第 6 篇　网络服务器配置及应用

第1篇
计算机网络应用技术基础

第1章 计算机网络概述

工作情境描述

小赵是某大学计算机科学与技术专业的学生，他想学好计算机网络技术，将来能在IT企业及事业单位从事网络工程及维护的相关工作，可自己对计算机网络技术根本没有概念，进入大学后，对自己的专业感到很茫然。你若是"网络高手"，将如何帮助他呢？

"网络高手"建议：若要精通网络的规划设计、组建及维护，首先应从认识计算机网络通信相关设备开始。

1.1 计算机网络基础知识

1.1.1 计算机网络的组成

计算机网络，是指两台或多台具有完整功能的计算机，通过通信设备和传输介质连接起来，在事先约定的通信规则下有效地交换信息的系统，由结点（node）和连接这些结点的链路（link）组成。

从工作方式上看，网络可划分为两块：

（1）边缘部分 由所有连接在因特网上的主机、终端和各种软件资源组成，用户直接使用，负责全网的数据处理和向网络用户提供网络资源和网络服务，也称资源子网。

（2）核心部分 由大量网络和连接这些网络的路由组成，为边缘部分提供服务（连通和交换），承担全网的数据传输、交换、加工和变换等通信处理工作，也称通信子网。

1.1.2 计算机网络的分类

计算机网络有多种分类方法，下面介绍按网络的覆盖范围来分类的情况。按网络的覆盖范围来分，计算机网络可以分为局域网、城域网、广域网、因特网四大类。

特别提醒：若按传输介质来划分，计算机网络可以分为有线网络和无线网络；按不同的使用者来划分，计算机网络可以分为公用网和专用网。

1. 局域网（Local Area Network，LAN）

局域网是处于局部区域内的计算机网络，区域内计算机的连网范围一般不超过10km。一个办公室、楼层、建筑物或建筑群内的计算机都可以连成一个局域网。两台计算机也可以连成一个局域网。局域网应用非常广泛。

2. 城域网（Metropolitan Area Network，MAN）

城域网基本上是一种大型的局域网，通常使用和局域网相似的技术。它可以覆盖一组邻近的公司，也可以覆盖一个城市，从几十千米到 100 千米不等。

3. 广域网（Wide Area Network，WAN）

广域网是一种跨地区、跨国或全球的网络。例如一些大的跨国公司在全球建立的网络。

4. 因特网（Internet）

不同的局域网、城域网或广域网根据需要采用一定的方法互相连接，就构成了我们通常所说的因特网。

在上述各类网络中，局域网的从业人数最多。一般一个典型的局域网所使用的网络设备，大致可以分为三大类：传输介质、网络通信设备和计算机。

1.2　传输介质

传输介质又称为传输媒体，一般分为有线传输介质和无线传输介质。传输介质用来连通网络通信设备和计算机。结点间的通信信息通过传输介质来传送。

有线传输介质可以分为同轴电缆、双绞线和光纤等。

无线传输介质可以分为无线电波、微波、红外线和通信卫星等。

1.2.1　有线传输介质

1. 同轴电缆

同轴电缆分为粗同轴电缆和细同轴电缆两类。同轴电缆目前已很少使用，这里只简要介绍。

同轴电缆一般由导体、绝缘层、屏蔽层、外部绝缘护套四部分组成。导体位于电缆中心，用来传输信息。绝缘层紧包着导体，绝缘层的外面是屏蔽层。绝缘层用来隔绝导体与屏蔽层，防止它们之间形成短路。屏蔽层是一层网状金属，用来屏蔽外界电磁场对细缆中导体的干扰，以保证导体能够可靠地传输信息。外部绝缘护套由绝缘材料做成，具有绝缘和保护细缆的双重功能。电缆两端要和 BNC 接头相接，施工时要将 BNC 接头和细缆连接起来。同轴电缆的结构如图 1-1 所示。BNCT 型连接器如图 1-2 所示。一般情况下，细同轴电缆网络连接长度网络最大跨度为 925m，如图 1-3 所示；而粗同轴电缆网络连接最大跨度为 2500m，如图 1-4 所示。

2. 双绞线

双绞线如图 1-5 所示。

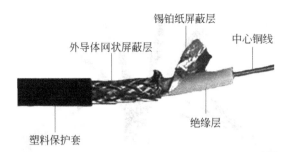

图 1-1　同轴电缆的结构

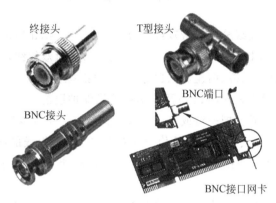

图 1-2　BNCT 型连接器

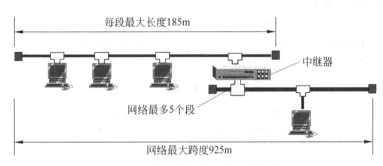

图 1-3　细同轴电缆网络连接情况

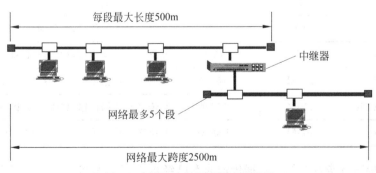

图 1-4　粗同轴电缆网络连接情况

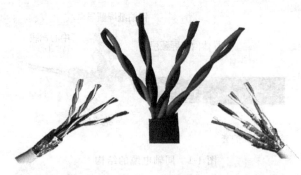

图 1-5　双绞线

局域网中常用的双绞线分为屏蔽双绞线(Shielded Twisted Pair,STP)和非屏蔽双绞线(Unshielded Twisted Pair,UTP)两种。它们均包含 4 对双绞线,8 根导线,且用不同的颜色来区分。分别是白橙、橙、白蓝、蓝、白绿、绿、白棕、棕。

双绞线(Twisted Pairwire,TP)由两根具有绝缘保护层的 22、24、26 号绝缘铜导线按照一定密度互相扭绞而成。把一对或多对双绞线封装在一个绝缘套管中便形成了双绞线电缆,习惯上仍称为双绞线。为了降低信号干扰的程度,双绞线的扭绞长度一般控制在 3.8～14cm 标准范围内,并按逆时针(左手)方向扭绞,相邻线对的扭绞长度在 12.7cm 以上。

数据传输速率是计算机网络的一个重要参数,用来表示网络传输数据的速度,单位为位/秒。位的常用度量单位有 Mb 和 Gb。1Mb 大约等于 100 万个二进制位,100Mb/s 意味着数据传输速率可达每秒 1 亿个二进制位。1Gb＝1024Mb,1Gb/s 意味着数据传输速率可达每秒约 10 亿个二进制位。习惯上,把 Mb 称为兆,把 Gb 称为千兆。非屏蔽超五类双绞线数据传输速率最高可达 1Gb/s。

一般情况下,非屏蔽双绞线的规格型号如表 1-1 所示。

表 1-1　非屏蔽双绞线的规格型号

类　　别	传输频率(Hz)	传输速率(b/s)	用　　途
2 类/CAT1			语音传输
2 类/CAT2	1M	4M	语音与数据传输
3 类/CAT3	16M	10M	语音与数据传输,令牌网
4 类/CAT4	20M	16M	语音与数据传输,10Base-T 和 100Base-T
5 类/CAT5	100M	100M	语音与数据传输,10Base-T 和 100Base-T
超 5 类/CAT5e	100M	155M	语音与数据传输,10Base-T 和 100Base-T
6 类/CAT6	100M	1000M	语音与数据传输,100Base-T 和 1000Base-T

虽然非屏蔽 5 类双绞线的数据传输速率已经可以满足大部分用户的应用需求,但网络工程中普遍采用的是非屏蔽超 5 类双绞线。

特别提醒：双绞线的最大传输距离为 100m。

双绞线 100 米传输极限的原因：

- 信号在双绞线中传输时，会由于电阻和电容的原因而导致信号衰减或畸变。累积的信号衰减将不能保证信号稳定地传输。
- 信号在导线传输过程中既会产生彼此之间的相互干扰，也会受到外界电磁波的干扰，当背景噪声过大时，误码率也将随之增高。
- 以太网络所允许的最大延迟为 512 比特时间（1 比特时间＝10ns）。
- 根据 IEEE 802.3 标准要求，集线设备和网卡端口的 PHY 芯片只保证驱动 100m 的铜缆，对更远的传输距离则不作保证。

突破 100m 传输极限的方法：

用网络延伸器，可以延伸至 750m。加装交换机或 Hub，可以延伸至 1500m。

3. 光纤

大型局域网中的主干网，一般都采用光纤作为传输介质。局域网采用专线接入因特网时，一般也采用光纤接入。

光纤（Fiber Optic Cable）也称为光导纤维，以光脉冲的形式来传输信号。光纤的裸纤由纤维芯、包层和保护套组成。光纤的中心是由石英玻璃制成的细而柔软的纤芯，紧靠纤芯是用来反射光线的包层，包层的外面是一个防止光泄漏的吸收壳，最外层就是防护层。光纤结构如图 1-6～图 1-8 所示。

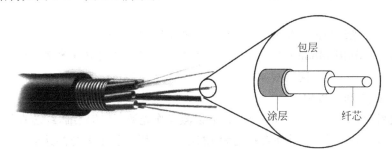

图 1-6　光纤

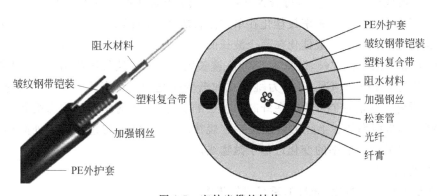

图 1-7　室外光缆的结构

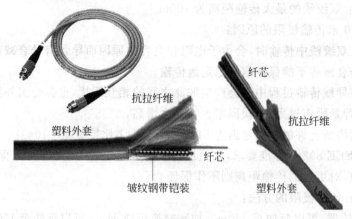

图 1-8 室内光缆的结构

光纤是利用光的反射原理来传输光信号的。使用光纤传输数字信号时,必须进行光电信号的转换,这个工作由光纤两端的光发射器、光接收器来完成。当发送信号时,光纤一端的光发射器将电信号转换为光信号;当接收信号时,光纤另一端的光接收器将光信号转换为电信号。

光纤的分类:

(1) 按照制造光纤所用的材料,可分为石英玻璃光纤、多成分玻璃光纤、塑料包层石英芯光纤、全塑料光纤和氟化物光纤。目前通信中普遍使用的是石英玻璃光纤和多成分玻璃光纤。

(2) 按光在光纤中的传输模式,可分为多模光纤和单模光纤。

多模光纤(Multi Mode Fiber,MMF):以发光二极管或激光作光源。纤芯较粗,纤芯直径有 $50\mu m$ 和 $62.5\mu m$ 两种规格,包层外直径均为 $125\mu m$。适用于短距离与低速通信,传输距离一般在 2km 以内。

单模光纤(Single Mode Fiber,SMF):以激光作光源,纤芯较细,纤芯直径有 $8.3\mu m$、$9\mu m$ 和 $10\mu m$ 三种规格,包层外直径均为 $125\mu m$。适用于长距离与高速通信,传输距离一般在 2km 以上。

(3) 按最佳传输频率窗口,可分为常规型单模光纤和色散位移型单模光纤。常规型:光纤生产厂家将光纤传输频率最佳化在单一波长的光上,如 1310nm。色散位移型:光纤生产厂家将光纤传输频率最佳化在两个波长的光上,如 1310nm 和 1550nm。

(4) 按光纤的工作波长,可分为 850nm 波长区、1300nm 波长区和 1500nm 波长区。

(5) 按折射率分布情况,可分为跳变式和渐变式光纤。跳变式光纤:纤芯的折射率和包层的折射率都是一个常数。在纤芯和包层的交界面,折射率呈阶梯形变化。渐变式光纤:纤芯的折射率随着半径的增加按一定规律减小,在纤芯与包层交界处减小为包层的折射率。纤芯的折射率的变化近似于抛物线。

光纤的优点是:

(1) 和同轴电缆相比,光纤的重量要轻得多。

(2) 光纤传输的是光信号,不会受到电磁干扰。光信号也不易被窃,数据安全性好。

（3）传输容量大，每秒钟可传输几百甚至上千 Gb。

光纤的缺点是和它连接的通信部件的价格比较高，另外光纤的连接技术比较复杂。

光纤连接器件：

光纤链路的接续，分为永久性和活动性两种。永久性的接续，大多采用熔接法、粘接法或固定连接器来实现。活动性的接续，一般采用光纤连接器件来实现。

常用的光纤活动连接器件包括光纤收发器、光纤接口模块、光纤连接器和光纤跳线等。

光纤收发器是一种将电信号和光信号进行互换的设备，是以太网传输媒体转换单元，在很多地方也被称为光电转换器（Fiber Converter）。

光纤收发器一般应用在以太网电缆无法覆盖、必须使用光纤来延长传输距离的实际网络环境中，一般的连接方法是：光纤接口通过光纤跳线与室外光纤的端接盒连接，RJ-45 接口通过双绞线跳线与交换机或其他网络设备的 RJ-45 接口连接。一般常见的光纤相关设备结构如图 1-9～图 1-16 所示。

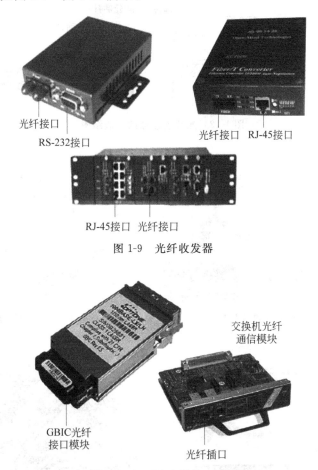

光纤接口

RS-232接口

光纤接口　RJ-45接口

RJ-45接口　光纤接口

图 1-9　光纤收发器

交换机光纤
通信模块

GBIC光纤
接口模块

光纤插口

图 1-10　GBIC 光纤接口模块

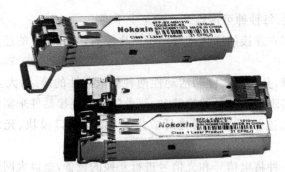

图 1-11　SFP 光纤接口模块

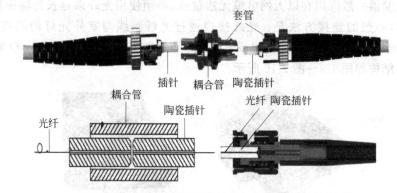

图 1-12　光纤连接器的一般结构

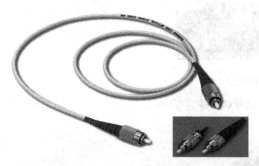

图 1-13　FC 型光纤连接器

图 1-14　SC 型光纤连接器

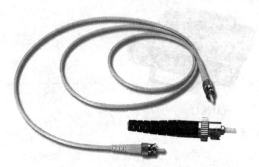

图 1-15　ST 型光纤连接器

图 1-16　多型组合光纤连接器

1.2.2　无线传输介质

1．无线电波

无线电波传输信息的形式一般如图 1-17 所示。

图 1-17　无线电波传输信息

2．微波

微波传输信号的形式一般如图 1-18 所示。

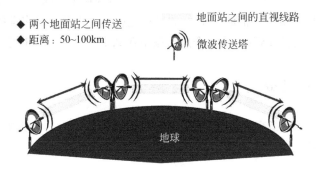

图 1-18　微波传输信号

3．地球同步卫星

地球同步卫星无线信号覆盖情况一般如图 1-19 所示。

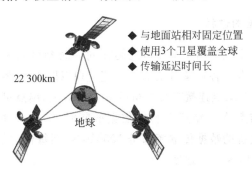

图 1-19　卫星无线信号覆盖情况

4. 红外线

红外线传输无线信号的形式一般如图 1-20 所示。

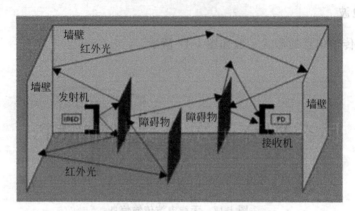

图 1-20　红外线传输无线信号

5. 蓝牙技术

蓝牙(Bluetooth)是由东芝、爱立信、IBM、Intel 和诺基亚于 1998 年 5 月共同提出的近距离无线数据通信技术标准;它能够在 10m 的半径范围内实现单点对多点的无线数据和声音传输;数据传输带宽可达 1Mb/s;通信介质为频率在 2.402～2.480GHz 之间的电磁波。

1.3　网络通信设备

网络通信设备主要指交换机、路由器、防火墙、服务器、网卡(计算机部件)、中继器、网桥和调制解调器等。

1.3.1　交换机

交换机(Switch)是网络中的核心设备,图 1-21 为小型交换机,图 1-22 为中心交换机。中心交换机又叫骨干交换机。一般交换机的接口类型如图 1-23 所示。

1. 交换机传输数据的过程

交换机的特点是交换机上的多个端口之间在同一时刻可同时进行数据的传输,连接在交换机端口上的网络设备各自享有全部的带宽。现以图 1-24 为例进行说明。

在图 1-24 中,有 6 个结点连接在交换机的 6 个端口上,结点可以是一台计算机,或者是其他通信设备。当结点 A 向结点 B 传输数据的同时,结点 D 也可以向结点 C 传输数据。如果图中的通信设备的数据传输率都是 100Mb/s,则每台通信设备各自享有全部的带宽,都可以达到 100Mb/s 这一速率。

图 1-21　小型交换机　　　　　　图 1-22　中心交换机

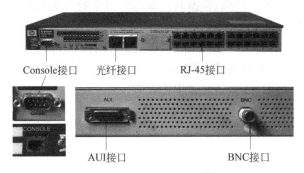

图 1-23　交换机的接口类型

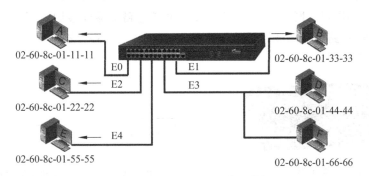

图 1-24　结点通过交换机传输数据

　　另外,图中的箭头表示两个结点间可以同时传输数据。比如当结点 A 向结点 B 传输数据时,结点 B 也可以向结点 A 同时传输数据,这种传输数据的方式称为全双工方式。现在生产的交换机都采用全双工方式来传输数据。

2. 交换机的种类

　　目前,市场上的交换机可分为两类:一类是模块化交换机(也称为机箱式交换机);另一类是独立式固定配置交换机。

模块化交换机最大的特色就是具有很强的可扩展性,它能提供一系列扩展模块,诸如千兆以太网模块、FDDI 模块、ATM 模块、快速以太网模块和令牌环模块等,所以能够将具有不同协议、不同拓扑结构的网络连接起来。它最大的缺点就是价格昂贵。模块化交换机一般作为中心交换机来使用。

固定配置交换机,一般具有固定端口的配置,比如 Cisco 的 Catalyst 1900/2900 交换机、3Com 的 SuperStack Ⅱ 系列和 Bay 的 BayStack 350/ 450 交换机等。固定配置交换机的可扩充性不如机箱式交换机,但是成本却要低得多。

在选择交换机时应按照需要和经费来综合考虑。一般来说,大型网络的中心交换机应考虑其扩充性和冗余性,适合采用机箱式交换机;而二级交换机或者小型网络的交换机可采用独立式固定配置交换机。学校实训用的机房中的计算机以及办公室中的计算机一般都连接到独立式固定配置交换机上。

对于独立式固定配置交换机,常按其提供端口的个数分类,常见的有 8 口交换机、16 口交换机、24 口交换机和 48 口交换机。

一台交换机实际上就是一台计算机,因此也有自己的处理器(CPU)。在 100M/1000M 交换机中,处理器的任务十分繁重。一般采用专门设计的 ASIC CPU 芯片。由于这种芯片是针对交换机设计的,因此效率比较高。

1.3.2 路由器

路由器(Router)如图 1-25 所示。

路由器的主要作用是用来连接不同类型的网络,因特网就是成千上万个子网通过路由器互连起来的国际性网络。图 1-26 是校园网通过路由器连接因特网的示意图。从网络管理的角度看,路由器的线路连接很简单,主要工作是对路由器进行配置。具体配置方法将在第 10 章介绍。

图 1-25　路由器

图 1-26　校园网通过路由器连接因特网

和交换机一样,路由器、防火墙等本质上也是一台计算机,它们也有 CPU 和内存,也需要在操作系统的支持下工作。

路由器的内存有三类:RAM(Random Access Memory),NVRAM(Non-Volatile Random Access Memory)和 EEPROM(Electronic Erasable Programmable Random Access Memory,又称为 Flash)。Flash 用来存储路由器的操作系统(IOS:Internet Operating system)。NVRAM 用来存储用户对路由器的配置表。路由器在加电后,配置表从 NVRAM 中调入 RAM 中,并控制路由器的活动。用户对路由器配置的更改在 RAM 中进行,用户在存储配置表后,RAM 将配置表的拷贝放置在 NVRAM 中 。路由器

掉电后,RAM 的内容将丢失,NVRAM 的内容将被保留。

1.3.3　防火墙

图 1-27　防火墙

防火墙(Firewall)如图 1-27 所示。

防火墙在外观上和路由器很相似,在对信息安全要求较高的地方,应使用防火墙。图 1-26 就使用了防火墙来提高内部网络的安全性。

防火墙是隔离在本地网络与外界网络之间的一道防御系统,防火墙是一种非常有效的网络安全模型,通过它可以隔离风险区域(即 Internet 或有一定风险的网络)与安全区域(局域网)的连接,同时不会妨碍人们对风险区域的访问。防火墙可以监控进出网络的通信量,仅让安全的信息进入。一般的防火墙都可以达到以下目的:

① 限制他人进入内部网络,过滤掉不安全服务和非法用户。

② 防止入侵者接近防御设施。

③ 限定用户访问特殊站点。

④ 作为部署 NAT(Network Address Translation,网络地址变换)的地点,利用 NAT 技术,将有限的公用 IP 地址动态或静态地与内部的私有 IP 地址对应起来,用来缓解地址空间短缺的问题。

上述四点是通过防火墙的配置文件来实现的,具体配置方法后续介绍。

1.3.4　网卡

网卡(NIC)如图 1-28 所示。

图 1-28　网卡

网卡是网络中使用最多的设备,网络中的每一台计算机上都要安装网卡,网卡插在计算机主板上的插槽中,计算机实际上是通过网卡再经传输介质与网络上的其他结点交换信息。

1. 网卡的功能

(1) 监听传输介质上的信号,判断数据的发送。

(2) 转发由网络设备(比如计算机)向传输介质发送的数据。

（3）数据通信包的装配和拆卸、网络存取控制等。

2. 网卡的分类

（1）按总线类型分类。可分为 ISA 网卡和 PCI 网卡。ISA 网卡以 16 位传输数据，最大传输速率为 10Mb/s。PCI 网卡以 32 位传输数据，最大传输率为 100Mb/s。ISA 网卡已基本淘汰，当前流行的是 PCI 网卡。

（2）按传输速率分类。可分为 10Mb/s 网卡、100Mb/s 网卡、10Mb/100Mb/s 自适应网卡、1000Mb/s 四类。其中 10Mb/s 网卡速度太慢，已经很少采用。

除上述网卡之外，还有服务器专用网卡、笔记本电脑专用网卡以及 USB 接口网卡。

选购网卡时要注意网卡的接口类型。常见的网卡接口有 BNC 接口和 RJ-45 接口两种，也有一块网卡上带有两种接口的。使用双绞线时必须采用 RJ-45 接口的网卡，使用同轴电缆时应采用 BNC 接口的网卡。

1.3.5　服务器

服务器（Server）是网络中的控制和数据的中心，是网络中的关键设备之一。商业用网络中的服务器一般应采用品牌服务器，非商业用小型网络（比如学校中的小型局域网）也可用一台配置较高的普通计算机作为服务器。服务器如图 1-29 所示。

图 1-29　服务器

1. 服务器的技术

服务器是一台高档的微型计算机，它采用了许多普通微型计算机上所没有的技术，以满足网络应用的需要。

（1）SMP（对称多处理）技术。SMP 是指在一台计算机上使用多个 CPU，这些 CPU 在同一个存储区中协调工作。SMP 系统给各个 CPU 分配任务，以充分发挥每个 CPU 的能力，最终使网络的运行速度得以提高。除此之外，SMP 技术在网络管理方面也有较强的功能。UNIX，Novel 和 Windows 2003 都支持 SMP 持术。

（2）硬盘接口技术。普通计算机采用的是 IDE 接口的硬盘，而大多数服务器采用的是 SCSI 接口的硬盘。SCSI 技术的先进之处在于：

- 可连接硬盘和磁带等多种外部设备，并且连接的数量多。
- 采用多个 I/O 并行操作，数据的传输速率快。

- 采用 DMA 直接内存存取,硬盘上的数据不经过 CPU 就可以读到内存,从而减轻了 CPU 的负担。

(3) RAID(磁盘冗余阵列)技术。由于硬盘上保存着大量宝贵的数据,硬盘的可靠性就变得非常重要。又由于硬盘的存取有机械运动,因而在很大程度上制约着数据传输速率的提高。于是,可靠性和数据存取速度成了服务器用硬盘需要着力解决的问题。RAID 技术有效地解决了这个问题。RAID 主要包含以下几项技术。

- 磁盘镜像技术。此技术用一个控制器控制两个硬盘,同时存取相同的数据,数据被 100% 备份,数据安全性得到完全保障。
- 数据冗余技术。数据存取时做校验,有纠错和恢复数据的功能。
- 磁盘分段技术。此技术有效地提高了数据存取速度。

(4) 热插拔技术。可以在不断电状态下更换发生故障的硬盘等热插拔设备,使服务器得以长期运行下去。

2. 服务器的种类

服务器有多种分类方法,如按 CPU 分类、按用途分类等。在此从服务器所支持的网络规模的角度对服务器进行分类。

(1) 工作组服务器。这类服务器适用于小于 25 台客户机的小型网络,配置要求不高,采用低档的服务器就可以了。

(2) 部门服务器。这类服务器适用于客户机数量在 25~150 台之间的网络,其配置采用标准的磁盘阵列、内存,采用 SMP 技术,支持两个以上的 CPU。

(3) 企业服务器。这类服务器适用于客户机数量在 120~500 台之间的网络,可作为大中型企业网、校园网等较大规模局域网中的骨干服务器。企业服务器属于高档服务器,采用标准配置,采用 SMP 技术,支持 4 个以上的 CPU。

3. 服务器的作用

服务器的作用一是用来管理局域网,二是为网络中的用户提供共享数据。因此,服务器比客户机重要得多。和客户机相比,服务器应有较高的配置。通常,服务器具有运行速度快、内存容量大和可靠性高等特点。

1.3.6 客户机

供用户使用的计算机在 C/S 网中叫客户机(Client),在对等网中叫工作站,视网络种类的不同而叫法不同。和服务器不同,对工作站的配置并无明确要求,完全由实际情况而定。从低档机到高档机都可以作为客户机或工作站。

1.3.7 中继器

中继器(Repeater)又称重发器,是一种最为简单但也是用得最多的网络互连设备,如

图 1-30 所示。

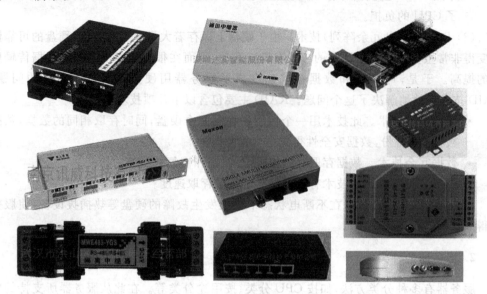

图 1-30   各类型中继器

中继器是物理层上的网络互连设备,它的作用是对电缆上传输的数据信号再生放大,再重发到其他电缆段上。

中继器仅适用于以太网,可将两段或两段以上以太网互连起来。

标准细缆以太网利用中继器可将每段长度扩展到 925m;粗缆以太网每段长度可扩展到 2500m。

1.3.8   网桥

中继功能。延长网络长度,一般传统以太网网桥可达数千米,而无线网桥在配合使用高增益定向天线可以提供数十千米的传输距离。

地址过滤与"自学习"。当网桥接收到帧时,它读取源 MAC 地址,然后在 MAC 地址表中登记 MAC 地址与端口的关联,同时为该关联计时,在计时时间段内,该关联有效,计时时间到期后,需要重新学习。同时,也有数据接收、存储与转发的功能。各类网桥如图 1-31 所示。

网桥在实际网络工程中的应用如图 1-32 所示。

1.3.9   调制解调器

调制解调器(Modulator/Demodulator,Modem)是利用调制解调技术来实现数据信号与模拟信号在通信过程中的相互转换的设备。数字信号无法直接在电话线路(只能传输模拟信号)上传输,Modem 把计算机与电话线连接起来实现数据信号的转换。

图 1-31 网桥

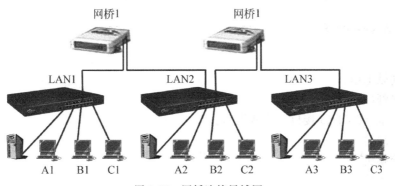

图 1-32 网桥连接局域网

调制解调器分类：按数据率可分为高速和低速 Modem；按通信同步方式可分为异步和同步 Modem；按传输介质可分为有线和无线 Modem；按接口类型可分内置式 Modem、外置式串口 Modem、外置式 RJ-45 口 ADSLModem、外置式 USB 口 Modem 和 PCMCIA 插卡式 Modem。调制解调器如图 1-33 所示。

图 1-33 PCI 接口内置 Modem 和 RS-232 接口外置 Modem

实训任务 1　认识网络主要设备

1. 实训目的

（1）掌握双绞线、同轴电缆与光纤等各种传输介质的特性和种类。

（2）认识网卡、无线网卡、集线器、交换机、路由器，以及宽带路由器、无线路由器和无线 AP 等网络设备。

2. 实训器材

双绞线（超 5 类或 6 类）、同轴电缆（细缆）和光纤、网卡（带 RJ-45 接口）、无线网卡、集线器、交换机、路由器，无线 AP、宽带路由器和无线路由器等网络设备。

3. 实训说明

本实训为认知实验，目的是了解网络传输介质和网络设备的种类和特点。

4. 实训内容和步骤

（1）双绞线。

（2）同轴电缆。

（3）光纤（若干米）。

（4）网卡（带 RJ-45 接口）、无线网卡。

（5）集线器。

（6）交换机。

（7）路由器 。

（8）宽带路由器。

（9）无线 AP。

（10）无线路由器。

5. 实训要求

本次实训后小结，需要写清楚实训操作过程中出现的问题及解决办法。

思考习题

1. 集线器与交换机的区别是什么？

2. 无线网卡与无线上网卡的区别是什么？

3. 单模光纤与多模光纤的优缺点是什么？

4. 无线路由器与企业级路由器的区别是什么？

5. 交换机的主要功能是什么？

6. 路由器的主要功能是什么？

第 2 章　RJ-45 跳线制作及应用

工作情境描述

小钱是某网络公司技术人员,上班第一天就参与了该公司的一个网络工程项目"泡泡网吧"的建设,技术主管带他到该项目现场,把双绞线布线工程任务交给他来完成,他顿时感到茫然,因为他以前在学校里只是理论上学习过如何制作网线。你若是"网络高手",将如何帮助他呢?

"网络高手"建议:若要完成双绞线布线工程任务,首先应从如何制作直通线和交叉线着手。

2.1　水晶头

2.1.1　双绞线的接头

在网络中,双绞线的两端要接上一个叫做"RJ-45"的接头,然后再通过 RJ-45 接头和计算机(实际上是网卡)、交换机等设备相连。由于 RJ-45 接头晶莹透明,习惯上常常称为水晶头。RJ-45 接头的前端有 8 个凹槽,每个槽内有一个金属接点,用来连通电路。RJ-45 接头如图 2-1 所示。

RJ-45 接头的 8 个金属接点并没有完全用完,只是用了其中的 4 个接点。若将 RJ-45 接头带有金属接点的一面向上,并按从左往右的顺序将金属接点编号为:1,2,3,4,5,6,7,8,则金属接点的使用情况为:

图 2-1　RJ-45 接头

1 号:传输数据的正极,常表示为 Tx+。

2 号:传输数据的负极,常表示为 Tx−。

3 号:接收数据的正极,常表示为 Rx+。

4 号:未使用。

5 号:未使用。

6 号:接收数据的负极,常表示为 Rx−。

7 号:未使用。

8 号:未使用。

2.1.2 双绞线的连接

网络设备的连接方法是：双绞线接水晶头，水晶头插在设备上。双绞线的连接指的是双绞线中8根不同颜色的线按什么样的顺序用什么方法连接到水晶头中的8个金属接点上。

双绞线有两种接法：T568A标准和T568B标准。

T568A标准：

水晶头金属接点编号：1 2 3 4 5 6 7 8

上述金属接点编号对应的双绞线线序：绿白 绿 橙白 蓝 蓝白 橙 棕白 棕

T568B标准：

水晶头金属接点编号：1 2 3 4 5 6 7 8

上述金属接点编号对应的双绞线线序：橙白 橙 绿白 蓝 蓝白 绿 棕白 棕

若双绞线两端都按T568B标准连接水晶头，称连接好后的线为直通线。

若双绞线一端按T568A线序连接，另一端按T568B线序连接，称连接好后的线为交叉线。

设备之间的连接应遵守下面的规定：

(1) 计算机与计算机之间直接连接(本质是网卡与网卡的连接)时，采用交叉线连接。

(2) 计算机与交换机连接，交换机与路由器连接，交换机与防火墙连接，防火墙与路由器连接时，均采用直通线连接。

(3) 两台交换机通过双绞线级联如图2-2所示。大多数情况下，交换机都会提供一个专用的互连端口，并有相应标注，如Uplink。此时，用直通线连接交换机的Uplink端口即可。如果交换机上没有提供互连端口，一般使用交叉线连接，或者看说明书，是否需用厂商专用线连接。

特别提醒：另一种双绞线连接器，一般在网络工程中综合布线时会用到，如图2-3所示。

图 2-2　交换机级联　　　　　　　　　　图 2-3　双绞线连接器

2.2　RJ-45 的跳线制作

2.2.1　直通线制作

特别提醒：双绞线两端都按 T568B 标准连接水晶头，即为直通线。

步骤 1：准备好双绞线、RJ-45 接插头和一把专用的压线钳，压线钳如图 2-4 所示。

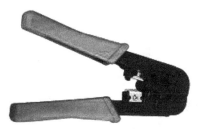

图 2-4　压线钳

步骤 2：用压线钳的剥线刀口将双绞线的外保护套管划开（小心不要将里面的双绞线的绝缘层划破），刀口距双绞线的端头至少 2cm。

步骤 3：将划开的外保护套管剥去（旋转、向外抽）。

步骤 4：露出 5 类线电缆中的 4 对双绞线。

步骤 5：按照 T568B 标准和导线颜色（橙白 橙 绿白 蓝 蓝白 绿 棕白 棕）将导线按规定的序号排好。

步骤 6：将 8 根导线平坦整齐地平行排列，导线间不留空隙，用压线钳的剪线刀口将 8 根导线剪断，一定要剪得很整齐。

步骤 7：将剪断电缆线排列整齐。

步骤 8：将剪断的电缆线放入 RJ-45 插头试试长短（要插到底），电缆线的外保护层最后应能够在 RJ-45 插头内的凹陷处被压实。

步骤 9：在确认一切都正确后，将 RJ-45 插头放入压线钳的压头槽内用力压实。在这一步骤完成后，插头的 8 个针脚接触点就穿过导线的绝缘外层，分别和 8 根导线紧紧地压接在一起。

2.2.2　测试

双绞线制作完成后，需要检查制作质量，看看连接是否正确、可靠。方法是把双绞线两端的水晶头插入测试仪的插口，观看测试仪的指示灯，如果测试仪依次闪亮的都是绿灯，则连接正确。如果有红灯闪亮，说明有错误，必须重做。图 2-5 为两用多功能电缆测试仪，既可以用来测试双绞线，也可以测试同轴电缆。

2.2.3　交叉线的制作

特别提醒：双绞线一端按 T568A 标准连接水晶头，另一端按 T568B 标准连接水晶头，即为交叉线。制作步骤类似直通线制作（此步骤略）。

图 2-5　两用多功能电缆测试仪

实训任务2　RJ-45水晶头与双绞线连接技术

1．实训目的

(1) 学会识别双绞线传输介质的特性。

(2) 掌握制作 EIA/TIA568B 规格的 RJ-45 插头的方法。

(3) 掌握使用测试仪对双绞线进行通断测试。

(4) 熟悉实训室结构化布线环境。

(5) 掌握跳线连接交换机和路由器的方法。

2．实训器材

压线钳1把、Fluke测试仪1台、路由器1台、交换机1台、超5类双绞线若干米、PC两台或者 Packet Tracer 模拟器。

3．实训说明

(1) 按 EIA/TIA 568B 和 EIA/TIA 568A 线序标准来制作直通线和交叉线。

(2) 测试仪测试时，指示灯为绿色并按从 1～8 的顺序逐一闪亮说明测试结果良好。

(3) 实训室结构化综合布线系统为 6 类线布线系统，使用双点管理方式。

(4) 测试跳线与交换机和路由器的连接。

4．实训内容和步骤

(1) 认识双绞线。

(2) 认识压线钳。

(3) 剥线。

右手握钳，左手将双绞线插入剥线口，在大约离线头 2cm 的地方轻压手柄，使刀口接触双绞线外皮，旋转双绞线 360°，右手向外侧用力将外皮剥掉。

(4) 排线。

将线对反绕打开，拉直，按橙白、橙、绿白、蓝、蓝白、绿、棕白、棕(T568B)的顺序，排好线。如果线芯不齐，使用切线口修剪不齐的部分。

(5) 水晶头。

将排好的线按正向插入水晶头，水晶头的正向是卡簧朝下。查好线后，正对水晶头看过去时，8 个黄色的铜芯应该清晰可见，再检查一遍，准备压接水晶头。

(6) 压线。

① 将整个水晶头插入压接槽，注意水晶头的卡簧仍然朝下，正对压接槽的凹口，插紧的水晶头不会掉出来。

② 双手紧握手柄，用力压到切线口能够合上为宜，可以多压几次，保证水晶头上的铜片能够刺穿线芯上的绝缘层，因为水晶头传输信号全靠这些铜片。

（7）用同样的方法做好另一头，是为平行线，可以作为工作区跳线。

（8）将线头两端插入测试仪测试一下，测试仪的指示灯按顺序均匀闪亮为成功的跳线。

（9）参观实训室设备间，认识模块化配线架接插方式，了解二级交连管理方式，了解基本机房管理常识。

（10）按图 2-6 所示的接线方式使用直通线连接好交换机，并给 PC1 和 PC2 配置指定的 IP 地址，互相 Ping 通，得到交换机可以实现同一个网段内主机通信的结论。

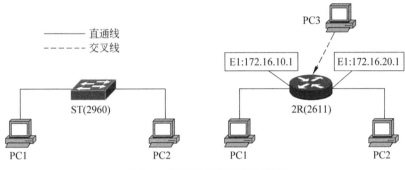

图 2-6　直通线与交叉线的连接

5. 实训小结

本次实训后小结，需要写清楚实训操作过程中出现的问题，以及解决办法。

思考习题

1. 测试时，测试仪指示灯为红色还是黄色？
2. 测试仪绿灯交叉亮，不是顺序亮，对不对？
3. 交叉线一般在哪种网络连接情况下使用？
4. 直通线一般在哪种网络连接情况下使用？
5. 若不按 EIA/TIA 568B 和 EIA/TIA 568A 线序标准，而是把两头的线序按相同颜色排序来制作网线，可否使用？

第 2 篇
LAN 局域网构建

第 3 章　计算机网络组建基础

3.1　计算机网络的拓扑结构

3.1.1　计算机网络拓扑结构的定义

在计算机网络中,除了计算机必不可少外,还要用到交换机、路由器、防火墙等通信设备。在计算机网络中把计算机、交换机、路由器等设备统称为结点(有时也称主机)。把连接结点的传输介质(同轴电缆、双绞线、光纤、无线通信信道)统称为线。在计算机网络中结点和线之间的连接形式就是计算机网络的网络拓扑结构。

对局域网而言,有两种主要的网络拓扑结构:星型拓扑结构、总线型拓扑结构。

3.1.2　总线型拓扑结构

总线型拓扑结构如图 3-1 所示。

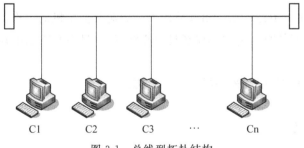

图 3-1　总线型拓扑结构

总线型拓扑结构的特点:

(1) 所有结点以并连的方式连接在传输介质上,两端的接头表示终结器,起抗干扰的作用。

(2) 某个结点的故障不影响网络的工作,比如 C1 结点出现故障不会影响 C2~Cn 结点的工作。

(3) 干线(较粗的线)出现故障时影响面较大。如果断点在主干上,则整个网络就不能正常工作。

(4) 同一时刻只能有两台计算机通信。

3.1.3 星型拓扑结构

星型拓扑结构如图 3-2 所示。

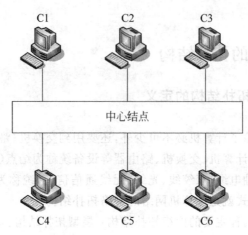

图 3-2 星型拓扑结构

星型拓扑结构的特点：

(1) C1～C6 主机(可以有更多的主机)通过中心结点相连,主机间的数据传输都要通过中心结点。

(2) C1～C6 主机中任一结点出现故障不会影响其他主机的工作。

(3) 由于主机间的数据传输都要经过中心结点,一旦中心结点出现故障,就会造成网络瘫痪,因此,对中心结点要求较高。

(4) 在实际工作中,广泛采用星型拓扑结构。

3.2 网络协议

3.2.1 什么是网络协议

一台计算机作为单机使用,离不开操作系统。显然,网络中的结点(计算机、交换机、路由器等)要能够相互通信,仅有操作系统是不够的。网络中的各结点要能够相互通信,除了操作系统之外,还需要用到一种叫做网络协议的软件。什么是网络协议呢? 网络协议就是为了实现网络中各结点通信而制定的规则、约定和标准。由于存在多种网络和多种通信方式,因而有多种网络协议,应根据实际应用的需要来选用协议。下面简单介绍两种协议: 带有冲突检测的载波侦听多路访问(Carrier Sense Multiple Access With Collision Detection,CSMA/CD)协议和传输控制协议/网际协议。

3.2.2　CSMA/CD 协议

常用的局域网有三类：Ethernet（以太网）、令牌总线网和令牌环网。其中 Ethernet 的市场占有率最高。CSMA/CD 协议是 Ethernet 结点间实现通信的协议。现在以图 3-1 总线型拓扑结构为例，简要说明 CSMA/CD 的工作过程。

（1）侦听

假定图 3-1 中 C1 结点要通过总线（图中较粗的线）向 C3 结点发送数据，首先要侦听总线是不是空闲（有没有其他结点在发送数据）。如果总线上已经有数据在传输，说明"总线忙"，结点 C1 不能发送数据。如果总线上没有数据在传输，说明总线"空闲"，则结点 C1 向 C3 发送数据。

（2）冲突检测

由于信号传输需要时间，在结点 C1 向 C3 发送数据的同时，若结点 Cn 也在向结点 C1 发送数据，C1 发送的数据有可能和 Cn 发送的数据在 C1～Cn 间的这段总线上发生碰撞冲突，CSMA/CD 协议能够检测到这种冲突。

（3）发现冲突，停止发送

当 CSMA/CD 协议检测到冲突之后，C1 和 Cn 都停止发送数据，避免无休止地争用总线。

（4）随机延迟发送

停止发送数据一段时间（该时间是一个随机数）后，再次重复前 3 步，直到数据发送成功。

CSMA/CD 协议被固化在网卡中。

3.2.3　TCP/IP

如果数据传输仅局限在局域网内，局域网协议就可以实现通信过程。但孤立地使用局域网的情况并不存在，实际情况是在有局域网的地方，人们都通过局域网上因特网。如图 3-3 所示，局域网通过路由器接入因特网已经成为一种通行的做法。由于局域网协议不具备上因特网的功能，需要引入具有实现在因特网上通信功能的 TCP/IP（Transmission Control Protocol/Internet Protocol，TCP/IP）。

图 3-3　局域网接入因特网

TCP/IP 中的 TCP 称为传输控制协议，用来实现在因特网上建立可靠的、结点对结点间的数据传输服务。IP（网际协议）用来实现互联的网络之间的寻址，以及如何进行数据包（传输的数据被分割、处理成"包"后进行传输）的路由。

因特网已经成为人们日常工作、生活不可缺少的一部分，TCP/IP 也已经成为网络上应用最为广泛的协议。现在使用的主流操作系统如 UNIX 和 Windows 都支持 TCP/IP,操作系统的驱动程序库中都有 TCP/IP,在安装操作系统时,TCP/IP 同时被安装到计算机的硬盘上,并不需要单独安装,只要在组网时进行适当配置即可。

一般而言,对于大多数用户并不需要深入了解 TCP/IP 的细节,但对 TCP/IP 中的 IP 地址则应有深刻的理解。

3.3 IP 地址

3.3.1 IP 地址概念

IP 地址(IPv4 地址):是给每个连接在因特网上的主机(或路由器)分配一个在全世界范围唯一的 32 位的标识符。现在是由因特网名字与号码指派公司 ICANN 进行分配的,它的编址方法经过 3 个阶段,分别是:

(1) 分类 IP 地址。

(2) 子网的划分。

(3) 构成超网。

3.3.2 IP 地址的组成

如图 3-4 所示,每个 IP 地址由两部分组成,一部分叫网络号,另一部分叫主机号。网络号用来标识一个子网,主机号用来标识子网中的某一台主机。

网络号	主机号

图 3-4　IP 地址的组成

TCP/IP 规定,IP 地址的长度为 32 位(二进制数 0 或 1),这 32 位分成 4 个字节,每个字节 8 位,每个字节之间用"."号分隔。为讲解方便,现分别将这 4 个字节用 W,X,Y 和 Z 来表示,如图 3-5 所示。在计算机上配置 IP 地址时,不用二进制数而要用十进制数来表示。这种表示方法叫做"点分十进制"表示法。例如 193.166.118.2 就是一个 IP 地址。

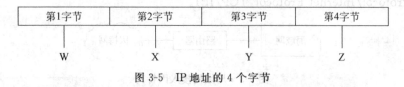

第1字节	第2字节	第3字节	第4字节
W	X	Y	Z

图 3-5　IP 地址的 4 个字节

发送信息的主机的 IP 地址叫源 IP 地址,接收信息的主机的 IP 地址叫目的 IP 地址。

为了防止 IP 地址重复,IP 地址由专门的机构统一分配,用户可以找当地的网络运营商获取。

3.3.3　IP 地址的划分

为了管理方便,根据网络的大小,IP 地址被划分为 A、B、C、D、E 5 种类型,以适用于不同的需求,IPv4 的地址分类如图 3-6 所示。

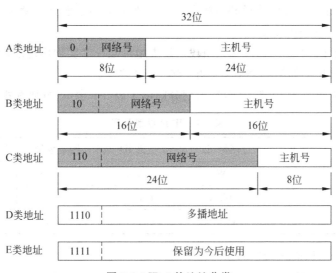

图 3-6　IPv4 的地址分类

二进制数:基数为 2,数字符号只有 0 和 1。逢二进一,如"11.1"按照位权展开:

$(11.1)2 = 1 \times 21 + 1 \times 20 + 1 \times 2 - 1 = 2 + 1 + 0.5 = 3.5$

10000000　B = 1 * 27 = 128　　01000000　B = 1 * 26 = 64

00100000　B = 25 = 32　　00010000　B = 24 = 16

00001000　B = 23 = 8　　00000100　B = 22 = 4

00000010　B = 21 = 2　　00000001　B = 20 = 1

分类地址即将 IP 地址划分为若干个固定类,每一类地址由网络号和主机号组成。记为

IP 地址::={<网络号>,<主机号>}

点分十进制表示,即每 8 位二进制用一个十进制表示。

例如:计算机中存放的 IP 地址:00000001 00000010 00000011 00000100

采用点分十进制的 IP 地址:1．2．3．4

(1) A 类地址:以 0 开头,网络段长为 8 位,可变部分为 7 位。A 类地址适用于特大型网络。

网络号范围:000000000～01111111,即 0～127,但只有 126 个可用的 A 类网络,原因是:①IP 地址中的全 0 表示"这个"意思,网络号字段全为 0 的 IP 地址是个保留地址,意思是"本网络";②网络号为 127(即 0111111)保留作为本地软件环回测试(loopback test)本主机的进程之间的通信之用。

每个网络容纳主机数量:16 777 214 台主机,因为主机地址位全 0 表示该 IP 地址是"本主机"所连接到的单个网络地址,全 1 表示"所有的",全 1 的主机号字段表示网络上所有的主机。

(2) B 类地址：以 10 开头，网络段长为 16 位，可变部分为 14 位。128.0.0.0 网络地址不指派。B 类地址适用于大、中型网络。

(3) C 类地址：以 110 开头，网络段长为 24 位，可变部分为 21 位。192.0.0.0 网络地址不指派。C 类地址适用于小型网络。

(4) D 类地址：不分网络段和主机段。D 类地址适用于多路广播组用户，IP 地址的第一个字节应在 224～239 之间。

(5) E 类地址：不分网络段和主机段。E 类地址是一个实训用地址，也可以理解为一个备用地址。IP 地址的第一个字节应在 240～250 之间。

现将常用的 A、B、C 三类 IP 地址的划分归纳于表 3-1 中，以方便查找。

表 3-1　IP 地址划分表

类 型	W 的值	网络 ID	主机 ID	网络数量	每个网络的主机数
A	1～126	W	X. Y. Z	126	16777214
B	128～191	W. X	Y. Z	16384	65534
C	192～223	W. X. Y	Z	2097152	254

使用 IP 地址时，应注意下面几点：

(1) 直接广播地址。主机地址全为 1 的 IP 地址用于广播，称为直接广播地址。直接广播是指在网上的任何一点均可向其他任何网络进行广播。

一个 A 类网络广播地址格式：[网络段].255.255.255，如 110.255.255.255；一个 B 类网络广播地址格式：[网络段].255.255，如 130.89.255.255。

(2) 受限广播地址。就是 255.255.255.255，只能作为目的地址，路由器不转播该分组。该地址也称为本地广播地址。

(3) 回路地址。形如 127.*.*.*，测试本主机的网络配置的测试。如 ping 127.0.0.1，测试本机 TCP/IP 是否正常。

(4) 组播地址中：224.0.0.1 指组播中的所有主机，224.0.0.2 指组播中所有路由器。

(5) 保留的私有地址：该地址不可以在公网上使用，可在局域网使用；若路由器遇到目的地为私有地址数据包，一律不转发到外网。

3.3.4　公用 IP 地址和私用 IP 地址

IP 地址分公用 IP 地址和私用 IP 地址两类。公用 IP 地址又称可全局路由的 IP 地址，能够在因特网上使用。比如一个公司的局域网接入因特网时，网络运营商（例如中国电信）会给这个公司的局域网至少分配一个 IP 地址，因特网上的计算机会通过这个 IP 地址来识别这个局域网或局域网内部的计算机，分配的这个 IP 地址就是公用 IP 地址。私用 IP 地址又称专用 IP 地址，供企业的局域网内的计算机使用，在 A、B、C 三类地址中都有一些 IP 地址被划分为私用 IP 地址,具体情况如表 3-2 所示。

表 3-2 私用 IP 地址

分类	IP 地址范围	网 络 号	网络数
A	10.0.0.0～10.255.255.255	10	1
B	172.16.0.0～172.31.255.255	172.16～172.31	16
C	192.168.0.0～192.168.255.255	192.168.0～192.168.255	256

3.3.5 子网掩码

子网掩码有 32 位,在配置子网掩码时,不采用位而采用十进制数,同样要把 32 位分为 4 个字节,每个字节间用“.”分隔。网络类型不同,使用的子网掩码也不同。表 3-3 表示默认情况下对应的子网掩码。

表 3-3 A、B、C 三类网络所默认的子网掩码

类 型	二进制数表示的子网掩码	十进制数表示的子网掩码
A	11111111.00000000.00000000.00000	255.0.0.0
B	11111111.11111111.00000000.00000	255.255.0.0
C	11111111.11111111.11111111.00000	255.255.255.0

3.3.6 IP 地址规划

若要保证局域网互联互通,计算机 IP 地址的设置必须遵循如下原则:

(1) 局域网中的计算机必须配置 IP 地址(静态或动态 IP)。

(2) 局域网中的计算机 IP 地址必须是同一子网,不同 IP 地址。

(3) 根据局域网中的计算机的数量,选择 A 类、B 类、C 类的适合的私用地址。

特别提醒:计算机的 IP 地址配置有两种方式,一种为手动静态配置 IP,如图 3-7 所示;另一种为从网络中的 DHCP 服务器上自动获得 IP 地址,如图 3-8 所示。

3.3.7 子网划分

1. 划分子网原则

划分子网即从 1985 年起在 IP 地址中又增加了一个“子网号字段”,使两级的 IP 地址变为三级的 IP 地址的做法。

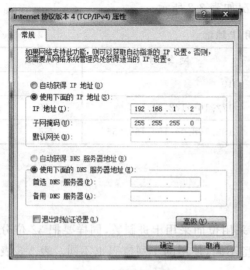

图 3-7 静态配置 IP

图 3-8 自动获得 IP 地址

划分子网的基本思路:

(1)从主机号借用若干位作为子网号 subnet-id,而主机号 host-id 也就相应减少了若干位。IP 地址结构如:IP 地址::={<网络号>,<子网号>,<主机号>}。

(2)凡是从其他网络发送给本单位某个主机的 IP 数据报,仍然是根据 IP 数据报的目的网络号 net-id,先找到连接在本单位网络上的路由器。然后此路由器在收到 IP 数据报后,再按目的网络号 net-id 和子网号 subnet-id 找到目的子网。最后将 IP 数据报直接交付给目的主机。

2. 子网掩码

如图 3-9 所示,子网掩码也是 32 位数字,由一串 1 和随后的一串 0 组成,子网掩码中 1 对应二级 IP 地址中原来的网络号和子网号,0 对应的是三级地址结构中的主机号。将子网掩码和二级 IP 地址逐位进行 AND 运算后,可得到子网的网络地址。

AND 运算:1 AND 1=1   1 AND 0=0   0 AND 0=0

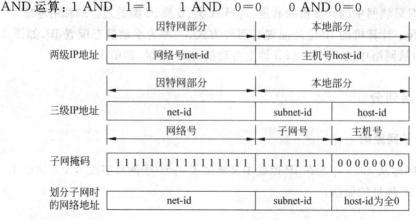

图 3-9 子网掩码表示

子网掩码的主要作用是判断计算机是否在同一个子网内。方法是用每台计算机的子网掩码和 IP 地址进行"逻辑与"运算,若每台计算机的运算结果相同,则说明这些计算机在同一个子网内,反之则说明这些计算机不在同一个子网内。

【例 3-1】　某 IP 地址是 128.127.72.32,子网掩码是 255.255.192.0,试求该地址所在子网网络地址,如图 3-10 所示。

(a) 点分十进制表示的IP地址	128 · 127 · 72 · 32
(b) 将第三个字节化为二进制	128 · 127 · 01001000 · 32
(c) 子网掩码是255.255.192.0	11111111 · 11111111 · 11000000 · 0
(d) IP地址与子网掩码逐位相与	128 · 127 · 01000000 · 0
(e) 网络地址(点分十进制表示)	128 · 127 · 64 · 0

图 3-10　所在子网网络地址

【例 3-2】　某 IP 地址是 128.127.72.32,子网掩码是 255.255.224.0,试求该地址所在子网网络地址,如图 3-11 所示。

(a) 点分十进制表示的IP地址	128 · 127 · 72 · 32
(b) 将第三个字节化为二进制	128 · 127 · 01001000 · 32
(c) 子网掩码是255.255.224.0	11111111 · 11111111 · 11100000 · 0
(d) IP地址与子网掩码逐位相与	128 · 127 · 01000000 · 0
(e) 网络地址(点分十进制表示)	128 · 127 · 64 · 0

图 3-11　所在子网网络地址

例 3-1 中的网络能够分成的子网数量:(因网络位向主机位借了 2 位,故 $2^2=4$)

128.127.00000000.00000000
128.127.01000000.00000000
128.127.10000000.00000000
128.127.11000000.00000000

每一个子网能够容纳的主机数量:$2^{14}-2$。

例 3-2 中的网络能够分成的子网数量:(因网络位向主机位借了 3 位,故 $2^3=8$)

128.127.00000000.00000000
128.127.00100000.00000000
128.127.01000000.00000000
128.127.01100000.00000000
128.127.10000000.00000000
128.127.10100000.00000000

128.127.11000000.00000000

128.127.11100000.00000000

每一个子网能够容纳的主机数量：$2^{13}-2$。

互联网数字分配机构(IANA)规定，无论是否划分子网，都要设置子网掩码，若不划分子网，那么该网络的子网掩码就是使用默认子网掩码，即子网掩码中 1 的位置和二级 IP 地址中的网络号部分相对应，如图 3-12 所示。

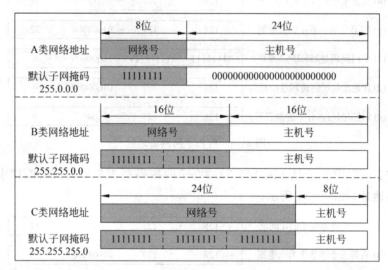

图 3-12　默认子网掩码

3. 定长子网划分

【例 3-3】　某公司获得了 C 类网络号 202.116.94.0，该公司有 A、B、C、D 共 4 个部门，各部门的计算机数量均 60 台。公司要求对获得的网络地址进行划分，每个部门划分到不同的子网中。

分析：定长划分子网，划分子网 4 个，需要占取 2 位主机位，主机位有 6 位，每个子网可分配的 IP 地址最多为 $2^6-2=62$ 个，刚好够用，子网掩码为 255.255.255.192，具体划分如表 3-4 所示。

表 3-4　各部门 IP 网段汇总

部门	网 络 地 址	主机地址范围	子网掩码	可分地址数量	广播地址
A	202.116.94.0 (00000000)	202.116.94.01(00000001) ～ 202.116.94.62(00111110)	255.255.255.192	2^6-2	202.116.94.63 (00111111)
B	202.116.94.64 (01000000)	202.116.94.65(01000001) ～ 202.116.94.126(01111110)	255.255.255.192	2^6-2	202.116.94.127 (01111111)

续表

部门	网络 地 址	主机地址范围	子网掩码	可分地址数量	广播地址
C	202.116.94.128 (10000000)	202.116.94.129(10000001) ～ 202.116.94.190(10111110)	255.255.255.192	2^6-2	202.116.94.191 (10111111)
D	202.116.94.192 (11000000)	202.116.94.193(11000001) ～ 202.116.94.254(11111110)	255.255.255.192	2^6-2	202.116.94.255 (11111111)

4. 可变子网掩码

VLSM(Variable Length Subnet Mask)即可变子网掩码。

【例 3-4】 某公司获得了 C 类网络号 202.116.94.0,该公司有 A,B,C,D 共 4 个部门,各部门的计算机数量分别为 120、60、30 和 28。公司要求对获得的网络地址进行划分,每个部门划分到不同的子网中。

如果定长划分子网,要划子网 4 个,需要占取 2 位主机位,主机位有 6 位,每个子网可分配的 IP 地址最多为 $2^6-2=62$ 个,由于 A 部门有 120 台主机,不够,需采用 VLSM。具体划分如表 3-5 所示。

A. 120 台　需主机位 7 位　子网掩码：255.255.255.10000000
B. 60 台　需主机位 6 位　子网掩码：255.255.255.11000000
C. 30 台　需主机位 5 位　子网掩码：255.255.255.11100000
D. 28 台　需主机位 5 位　子网掩码：255.255.255.11100000

表 3-5　各部门 IP 网段汇总表

部门	网络地址	地址范围	子网掩码	可分地址数量	广播地址
A	202.116.94.0 (00000000)	202.116.94.0～ 202.116.94.127	255.255.255.128	2^7-2	202.116.94.127 (01111111)
B	202.116.94.128 (10000000)	202.116.94.128～ 202.116.94.191	255.255.255.192	2^6-2	202.116.94.191 (10111111)
C	202.116.94.192 (11000000)	202.116.94.192～ 202.116.94.223	255.255.255.224	2^5-2	202.116.94.223 (11011111)
D	202.116.94.224 (11100000)	202.116.94.224～ 202.116.94.255	255.255.255.224	2^5-2	202.116.94.255 (11111111)

进行子网划分时,通常采用先大后小的策略,先确定大的网段,再逐步确定小网段。

3.3.8　构成超网

CIDR 的正式名字是无分类域间路由选择,其特点如下：

(1) CIDR 消除了传统的 A 类、B 类和 C 类地址以及划分子网的概念。IP 地址从三级编址(使用子网掩码)又回到了两级编址：IP 地址::=｛<网络前缀>，<主机号>｝。使用"斜线记法"，即在 IP 地址后面加上斜线"/"，然后写上网络前缀占的位数，如地址 128.14.32.0/20。

(2) CIDR 把网络前缀相同的连续的 IP 地址组成一个"CIDR 地址块"。知道该块中任一地址，即可知该块的最小地址和最大地址：如下 IP 地址,其中前 20 位是网络前缀,后面的 12 位为主机号：

128.127.33.0/20＝<u>10000000 01111111 0010</u> 0001 00000000

该 IP 地址所在 CIDR 地址块记为：

128.127.32.0/20 <u>10000000 01111111 0010</u> 0000 00000000

该地址块中最小 IP 地址 128.127.32.0 <u>10000000 01111111 0010</u> 0000 00000000

该地址块中最大 IP 地址 128.127.47.255 <u>10000000 01111111 0010</u> 1111 11111111

全 0 和全 1 的主机号地址一般不使用,故：

该块中有效最小 IP 地址：　　128 . 127 . 32 . 1

10000000　01111111　0010 0000　00000001

该块中有效最大 IP 地址　　128 . 127 . 47 . 254

10000000　01111111　0010 1111　11111110

该地址块共包含地址数为：$2^{12}-2=2^{10}*2^2-2=1024*4-2=4094$

虽然 CIDR 不使用子网掩码,但 CIDR 的斜线记法中,斜线后的数字就是地址掩码中 1 的个数,也可叫子网掩码。

如 128.127.33.0/20 中/20 地址块的地址掩码是：11111111 11111111 11110000 00000000

计算 128.127.33.0/20 所在 CIDR 块,即将 IP 地址与地址掩码(子网掩码)相"与"即可,与子网掩码计算网络地址方法一样,即：

```
   128    .    127    .    33    .    0
10000000   01111111   0010 0001   00000000
AND
11111111   11111111   1111 0000   00000000
─────────────────────────────────────────
10000000   01111111   0010 0000   00000000
   128    .    127    .    32    .    0
```

CIDR 记法有多种形式,地址块 10.0.0.0/10,可写为 10/10,即把点分十进制中低位的连续 0 省略;另外一种简化方法是在网络前缀的后面加上一个"＊",如 00001010 00＊意思为＊之前为网络前缀,而＊表示 IP 地址中主机地址。

前缀长度不超过 23 bit 的 CIDR 地址块都包含了多个 C 类地址。这些 C 类地址合起来就构成了超网。

如地址块 193.128.254.0/23 相当于包含两个 C 类网：

<u>11000001 10000000 1111111</u> 0 00000000

第 1 个 C 类网的网络号：193.128.254.0　<u>11000001 10000000 1111111</u> 0 00000000

第 2 个 C 类网的网络号：193.128.255.0 <u>11000001 10000000 1111111 1 00000000</u>

思考习题

1. IPv4 的地址与 IPv6 的地址有何区别？

2. A 类网络是很大的网络,每个 A 类网络中可以有多少个网络地址？

3. 把网络 10.1.0.0/16 进一步划分为子网 10.1.0.0/18,则原网络被划分为多少个子网？

4. 公有地址与私有地址的区别是什么？

5. ARP 表用于缓存设备的 IP 地址与 MAC 地址的对应关系,采用 ARP 表的好处是什么？

6. 32 位的 IP 地址可以划分为网络号和主机号两部分,哪些地址不能作为目标地址？

第 4 章 小型局域网组建

工作情境描述

小李是今年某大学计算机科学与技术专业的新生，入学不久，他们宿舍的 6 位同学就陆续买了计算机，可宿舍只有一个网络接口与校园网连接，为了能共享上网，需要组建一个小型的有线局域网。你若是"网络高手"，将如何帮助他呢？

4.1 小型局域网简介

最简单的小型局域网，常用于家庭、办公室、学生宿舍等场合，其实就是一种对等网。

"对等网"也称为"工作组网"，在对等网中没有"域"，只有"工作组"。在对等网中，各台计算机具有相同的功能，无主从之分，网上任意结点的计算机既可以作为网络服务器，为其他计算机提供资源；也可以作为工作站，以分享其他服务器的资源；任意一台计算机均可同时兼作服务器和工作站，也可只作其中之一。

同时，对等网除了共享文件之外，还可以共享打印机，对等网上的打印机可被网络上的任一结点使用，如同使用本地打印机一样方便。对等网适用于计算机数量少、花费小、对信息的共享需求较低、对数据的安全性要求较低的小型局域网。

虽然对等网结构比较简单，但根据具体的应用环境和需求，其实现的方式也有多种。

4.2 两台计算机组网

4.2.1 两台计算机组网的结构

该网络中只有两台计算机，是结构最简单的对等网，如图 4-1 所示。

交叉线

图 4-1 两台计算机直连

注意：一般情况下，两台计算机直接相连需要使用交叉线连接。

4.2.2 两台计算机组网流程

（1）准备两台带有网卡的计算机，并安装操作系统（如 Windows XP、Windows 7 或 Windows 8 等版本）和网卡驱动程序。

大多数情况下用户无须手动安装网卡驱动程序而由系统自动识别并安装驱动程序。

但仍有少数情况下用户需手动添加网卡驱动程序（如一些杂牌网卡的驱动程序，Windows 系统自带的驱动程序库中是没有的；或是原有驱动程序出错需重新安装）。

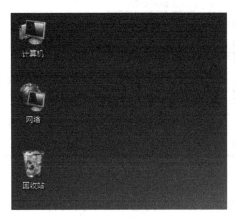

（2）制作交叉线。

（3）用交叉线连接两台计算机的网卡。

（4）配置计算机 IP 地址。

Windows 系统默认安装了 TCP/IP，但一般还是需要对其进行 IP 地址配置。

配置方法如下：

① 如图 4-2 和图 4-3 所示，右击桌面上的 "网上邻居"图标，在弹出菜单中单击"属性"。

图 4-2 "桌面"

② 接着出现图 4-4 所示的"网络连接"窗口，右击"本地连接"图标，在弹出菜单中单击"属性"。

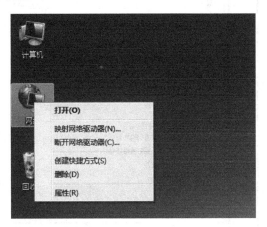

图 4-3 "网上邻居"

图 4-4 "网络连接"窗口

③ 之后弹出图 4-5 所示的"本地连接 属性"对话框，选中"常规"选项卡中的"Internet 协议（TCP/IP）"，单击"属性"按钮。

④ 随后出现图 4-6 所示的窗口，此时需要手动设置 IP 地址。选择"使用下面的 IP 地址"项。

⑤ 由于要组建两台计算机构成的对等网，故将计算机的 IP 地址分别设为"192.168.0.1"、"192.168.0.2"，子网掩码都为"255.255.255.0"，其他地方不用填写（注意，以上

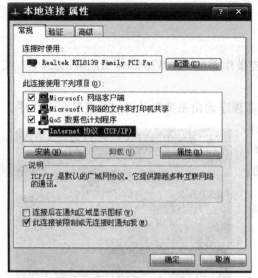

图 4-5 "本地连接 属性"-"常规"选项卡

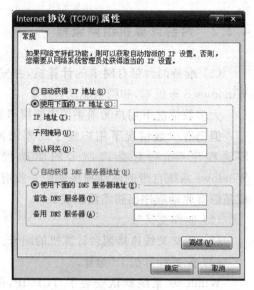

图 4-6 "Internet 协议(TCP/IP)属性"对话框

设置是在要组网的两台不同的计算机上分别填写)。配置过程分别如图 4-6、图 4-7 和图 4-8 所示,配置好后单击"确定"按钮。返回上一级菜单后再次单击"确定"按钮,设置生效。

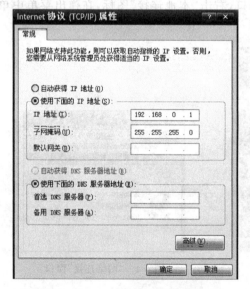

图 4-7 "Internet 协议(TCP/IP)属性"

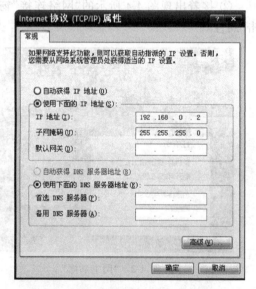

图 4-8 "Internet 协议(TCP/IP)属性"

（5）测试。

完成配置后,可对网络进行测试,以检查网络是否连通。利用 Ping 命令测试网络是否连通。方法如下:只需输入"Ping+空格+目的地主机 IP 地址"即可,如图 4-9 所示。

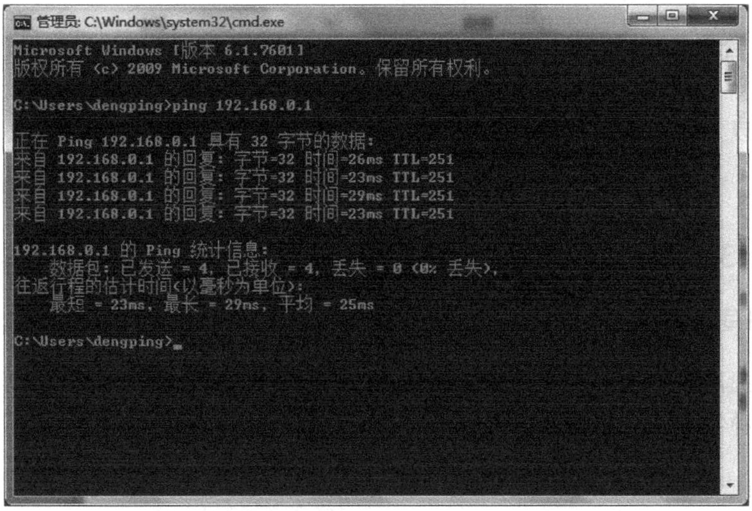

图 4-9　测试网络连通性

该网络的优点如下：
- 传输速率快。若使用 100Mb/s 的网卡传输速率可达到 100Mb/s(理论值)。
- 布线容易,无需交换机。
- 组网成本低,仅需要两块网卡和一条双绞线即可。
- 安装简便,轻松实现资源共享。
- 设置、维护简单。

4.3　三台及以上计算机组网

4.3.1　三台及以上计算机组网的结构

该网络中有三台或三台以上计算机,其结构如图 4-10 所示。

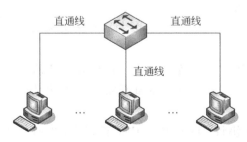

图 4-10　三台计算机组网结构

注意：一般情况下,三台计算机直接相连需要使用直通线连接。

4.3.2 三台及以上计算机组网过程

三台及以上的计算机组网过程与两台计算机组网过程类似,组网方法详见实训任务4。

实训任务3 两台计算机直连组网

1. 实训目的

熟练掌握两台 Windows 操作系统计算机直连组网,并实现资源共享;两台计算机直连网络是一种特殊网络环境下的应用。

2. 实训器材

压线钳1把、Fluke 测试仪1台、双绞线若干米、RJ-45 水晶头2个、安装有 Windows 操作系统的计算机(附有以太网卡)两台或者 Packet Tracer 模拟器。

3. 实训说明

(1) 按 EIA/TIA 568B 标准 EIA/TIA 568A 标准制作交叉线。

(2) 测试仪测试时,指示灯为绿色并按从1~8的顺序逐一闪亮说明测试结果良好。

(3) 实训室结构化综合布线系统为6类线布线系统,使用双点管理方式。

(4) 测试跳线与交换机和路由器的连接。

4. 实训内容和步骤

(1) 按 EIA/TIA 568B 标准和 EIA/TIA 568A 标准制作双绞线交叉线。

(2) 用测试仪测试交叉线,若测试结果良好,继续下一步,否则,重新制作交叉线。

(3) 检查计算机是否有 RJ-45 接口(网卡),并用交叉线连接两台计算机。

(4) 查看计算机是否有"本地连接"图标,若有图 4-11 所示的"本地连接"图标,即为有;否则,需重新安装网卡驱动程序。

图 4-11 实训任务3示例1

(5) 查看"Internet 协议(TCP/IPv4)"是否正常,若如图 4-12 所示,即为正常;否则,需按图 4-13 所示重新安装网卡驱动程序或者单独安装 Internet 协议。

(6) IP 地址规划。由于两台计算机组建的局域网是小型网络,即可选择 C 类的私用地址。IP 地址规划如表 4-1 所示(举例一组)。

图 4-12　实训任务 3 示例 2

图 4-13　实训任务 3 示例 3

表 4-1　IP 地址规划

计算机	网络号	主机号	IP 地址	子网掩码
第 1 台	192.168.1	2	192.168.1.2	255.255.255.0
第 2 台	192.168.1	3	192.168.1.3	255.255.255.0

（7）配置第 1 台计算机 IP 地址，并修改计算机名和工作组名（本计算机名与另一台计算机名不同，工作组名必须相同），如图 4-14 和图 4-15 所示。

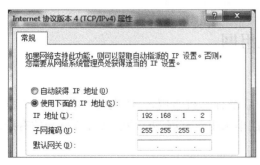

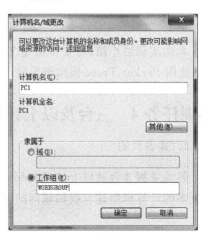

图 4-14　实训任务 3 示例 4　　　　　　图 4-15　实训任务 3 示例 5

(8) 配置第 2 台计算机 IP 地址，并修改计算机名和工作组名（本计算机名与另一台计算机名不同，工作组名必须相同）。

(9) 测试第 1 台计算机与本网络内的第 2 台计算机连通情况。

若如图 4-16 所示，即为网络不通，请检查故障，并排除之。

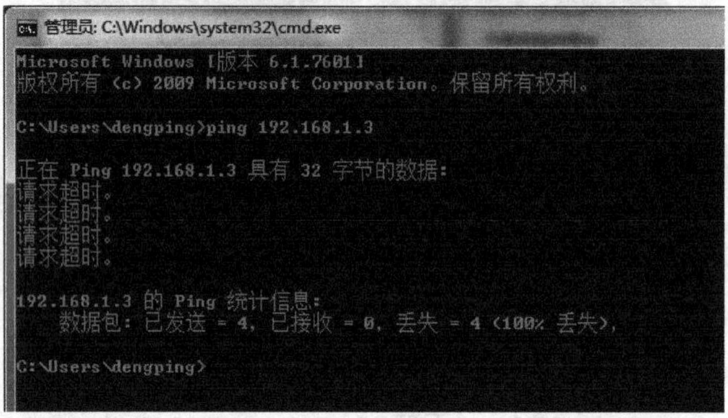

图 4-16　实训任务 3 示例 6

若如图 4-17 所示，即为网络连通，至此，此局域网组建成功。

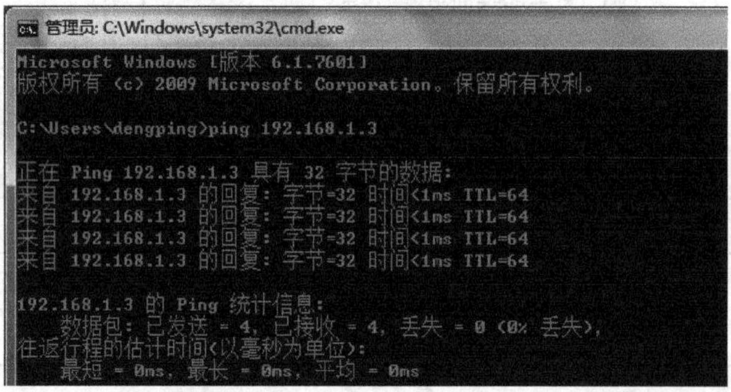

图 4-17　实训任务 3 示例 7

5. 实训要求

本次实训后小结，需要写清楚实训操作过程中出现的问题，以及解决办法。特别提醒：使用 Packet Trace 模拟器组建两台计算机直连网络（略）。

实训任务 4　三台及以上计算机组网

1. 实训目的

熟练掌握 3 台及以上的 Windows 操作系统计算机组网，并实现资源共享；从而推广到更多的计算机组建有线局域网的情况。能单独组建家庭、办公室、宿舍等场合的有线局域网。

2. 实训器材

压线钳 1 把、Fluke 测试仪 1 台、双绞线若干米、RJ-45 水晶头若干个、若干台安装有 Windows 操作系统的计算机（含以太网卡部件）、若干台 24 口某品牌交换机或者 Packet Tracer 模拟器。

3. 实训说明

（1）按 EIA/TIA 568B 标准制作双交线的直通线。

（2）测试仪测试时，指示灯为绿色并按从 1～8 的顺序逐一闪亮说明测试结果良好。

（3）实训室结构化综合布线系统为 6 类线布线系统，使用双点管理方式。

（4）测试交叉线（跳线）在交换机与交换机之间的连接。

4. 实训内容和步骤（以组建 8 台计算机的局域网为例）

（1）按 EIA/TIA 568B 标准和 EIA/TIA 568A 标准制作双绞线的直通线。

（2）用测试仪测试直通线，若测试结果良好，继续下一步，否则，重新制作直通线。

（3）检查计算机是否有 RJ-45 接口（网卡），并用直通线连接计算机与交换机。

（4）查看计算机是否有"本地连接"图标，若有图 4-18 所示的"本地连接"图标，即为有；否则，需重新安装网卡及驱动程序。

（5）查看"Internet 协议（TCP/IPv4）"是否正常，若如图 4-19 所示，即为正常；否则，需按图 4-20 所示重新安装网卡驱动程序或者单独安装 Internet 协议。

图 4-18　实训任务 4 示例 1

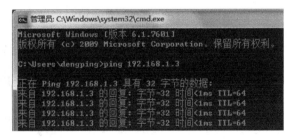

图 4-19　实训任务 4 示例 2

图 4-20　实训任务 4 示例 3

（6）IP 地址规划。由于是 8 台计算机组建的局域网，是小型网络，即可选择 C 类的私有地址。IP 地址规划如表 4-2 所示（举例一组）。

表 4-2 各计算机的 IP 地址分配

计 算 机	网 络 号	主 机 号	IP 地 址	子网掩码
第 1 台	192.168.1	2	192.168.1.2	255.255.255.0
第 2 台	192.168.1	3	192.168.1.3	255.255.255.0
第 3 台	192.168.1	4	192.168.1.4	255.255.255.0
第 4 台	192.168.1	5	192.168.1.5	255.255.255.0
第 5 台	192.168.1	6	192.168.1.6	255.255.255.0
第 6 台	192.168.1	7	192.168.1.7	255.255.255.0
第 7 台	192.168.1	8	192.168.1.8	255.255.255.0
第 8 台	192.168.1	9	192.168.1.9	255.255.255.0

（7）配置第 1 台计算机 IP 地址，并修改计算机名和工作组名（本计算机名与另一台计算机名不同，工作组名必须相同），如图 4-21 和图 4-22 所示。

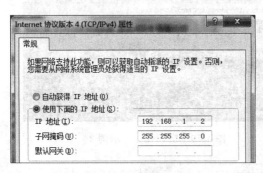

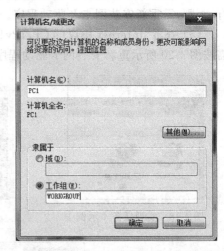

图 4-21 实训任务 4 示例 4   图 4-22 实训任务 4 示例 5

（8）配置第 2 台计算机 IP 地址，并修改计算机名和工作组名（本计算机名与其他计算机名不同，工作组名必须相同），需要注意的是，第 2 台计算机 IP 地址与第 1 台计算机是同一子网，不同主机号。

（9）以此类推，配置其余 6 台计算机的 IP 地址、计算机名和工作组名。

（10）测试第 1 台计算机与本网络内的其他计算机的连通情况。

• 若如图 4-23 所示，即为网络不通，请检查故障，并排除之。

• 若如图 4-24 所示，即为网络连通；并依次测试其他 7 台，若都能通；那么至此，此局域网组建成功。

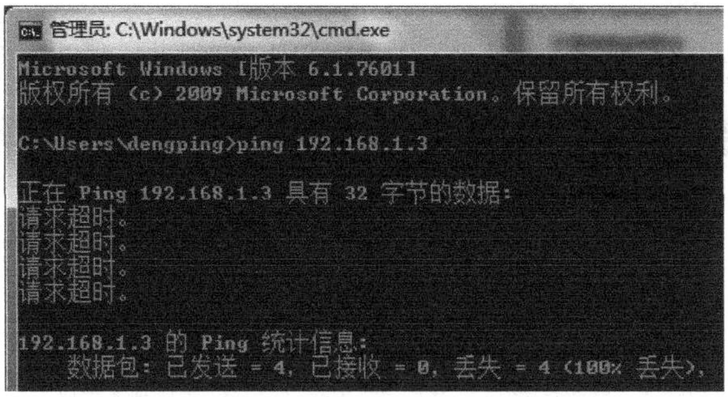

图 4-23　实训任务 4 示例 6

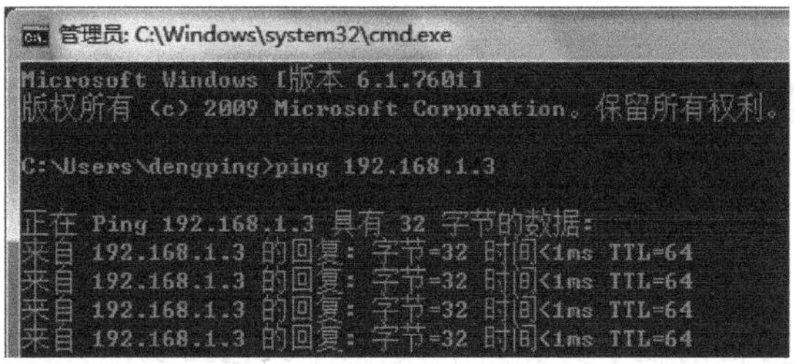

图 4-24　实训任务 4 示例 7

5. 实训要求

本次实训后小结,需要写清楚实训操作过程中出现的问题,以及解决办法。特别提醒:使用 Packet Tracer 模拟器组建 3 台及以上的计算机局域网(略)。

思考习题

1. 将本机 IP 地址分别设为 192.168.*.0 和 192.168.*.255 时有何提示,此时和本网络内另一台计算机能否连通? 为什么(*代表 0~255 的数)?

2. 将本机 IP 地址与本网络内的另一台计算机的 IP 地址设为同一个时,有何提示信息,此时和本网络另一台计算机能否连通?

3. 改变本机的 IP 地址不在同一个网段,如将 192.168.1.2 改为 192.168.2.2,此时和本网络另一台计算机能否连通?

4. 工作组和主机名修改后系统,是否提示重启? 重启后修改是否生效? 为什么?

5. 成功组建两台计算机的局域网需要哪些必要的器材和设置?

6. 成功组建 3 台及以上的计算机的局域网需要哪些必要的器材和设置?

7. 两台计算机直连组网与 3 台及以上的计算机组建局域网有何差异?

8. 如何级联交换机? 若要组建 100 台计算机的局域网至少需要多少台 24 口的交换机?

第 5 章　局域网资源共享应用

工作情境描述

小周是 IT 公司的网络技术人员,有一天,被公司的技术主管派到客户单位去解决办公室局域网打印机共享和局域网文件共享的问题,你会如何帮助他?

5.1　局域网文件共享简介

5.1.1　概述

组建局域网的主要目的在于资源共享,这其中又包括硬件资源和软件资源的共享,单机资源和 Internet 资源的共享等,从而实现资源利用的最大效益,为人们的工作生活带来极大的方便,能大大提高资源利用率,节约成本。

局域网中的资源共享,很重要的一个方面是文件和打印机的共享。通过共享文件和文件夹,不用费时费力地用各种存储设备将文件和文件夹从这台机器搬移到那台机器;通过共享打印机,就不用给每台计算机都配备一部专用的打印设备,从而节约了开销。

5.1.2　Windows 操作系统下文件共享

Windows 操作系统中设置文件共享步骤如下。

(1) 若以下几个步骤在 Windows Server 2003 系统中操作,如图 5-1 所示,假设要共享 E 盘下的 Soft 文件夹,选中该文件夹右击,在弹出的菜单中单击"共享和安全"。

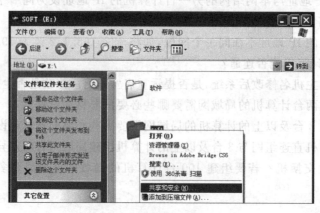

图 5-1　"本地磁盘(E)"窗口

（2）接着弹出图 5-2 所示的"soft 属性"对话框，选择"共享"选项卡，选中"共享此文件夹"项（注意，用户可自行设定"共享名"的名称），单击"确定"按钮，接着出现图 5-3 所示的图标，表示该文件夹已设为共享。

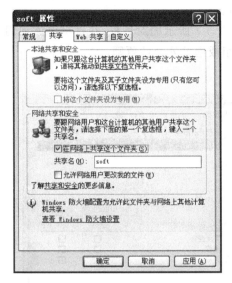

图 5-2　"soft 属性"-"共享"选项卡

图 5-3　"共享"文件夹

（3）接下来，就可以为已共享的文件夹设置相应的权限了，如图 5-4 所示，右击"soft"文件夹，单击"属性"。在之后弹出的图 5-5 所示的对话框中选中"共享"选项卡，单击"权限"按钮。

图 5-4　"soft 属性"

（4）出现图 5-6 所示的"soft 的权限"对话框。在"组或用户名称"列表中，列出了拥有对此共享文件夹访问权限的用户和组，其中默认为"Everyone"，即可被任何人访问。在下边的列表中列出了所选用户和组的权限。若想更改，只须在相应权限处勾选即可（这里选择"读取"，即只可以读取文件，而无法更改其内容）。

（5）在图 5-6 中若单击"添加…"按钮，则出现图 5-7 所示的对话框，在这里可添加用户和组，在该对话框中可以查找到网络中的用户、组或内置安全性原则。

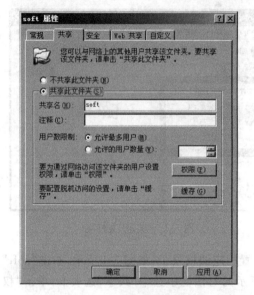

图 5-5 "共享"选项卡

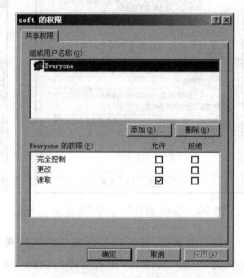

图 5-6 "soft 的权限"对话框

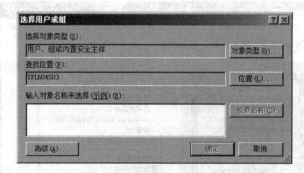

图 5-7 "选择用户或组"对话框

（6）单击"对象类型…"按钮，随后出现图 5-8 所示的"对象类型"对话框，选中所有的三项，单击"确定"按钮。

（7）返回图 5-7 所示的上级对话框，单击"位置…"按钮，打开图 5-9 所示的"位置"对话框，选择所要查找的网络位置（可以是本机、网络上的工作组或域），然后单击"确定"按钮。

（8）若再次返回图 5-7 所示的上级对话框，单击"高级"按钮，出现图 5-10 所示的对话框，单击"立即查找"按钮，则在区域下方会列出网络上所有计算机、用户和组的详细信息。

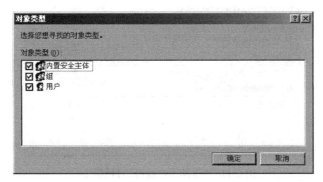

图 5-8　"对象类型"对话框

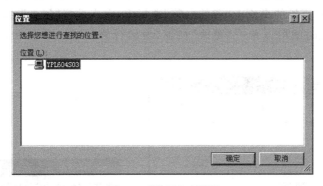

图 5-9　"位置"对话框

可以选择其中一个或多个,然后单击"确定"按钮,弹出图 5-11 所示的对话框,其中列出了新增的用户和组。

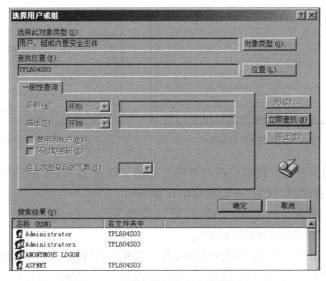

图 5-10　"选择用户或组"对话框之一

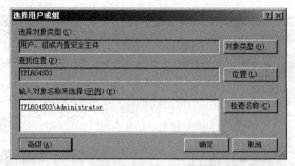

图 5-11 "选择用户或组"对话框之二

(9) 若以下几个步骤在 Windows XP 系统中操作,设置工作组和计算机名称时,也同样需要在每一台计算机的桌面上"我的电脑"图标上,右击选择"属性"菜单,即出现图 5-12所示的对话框,此时就可以单击"更改"按钮,设置计算机的工作组和计算机名称了,如图 5-13 所示。

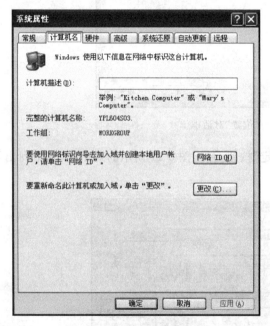

图 5-12 "系统属性"对话框

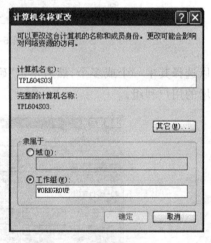

图 5-13 "网上邻居"窗口

(10) 假设用三台计算机组成的对等网所在的工作组为 WORKGROUP,现在就通过"网上邻居"去看看它们,双击"查看工作组计算机"。

(11) 接着出现图 5-14 所示的窗口,可以看到 Workgroup 工作组中的 3 台计算机(Ypl604s19,Ypl604s20 和 Ypl604s03)。

(12) 假设要访问计算机 YPL604S20,若该计算机设置了用户名和密码并关闭来宾用户,双击该计算机图标,就会出现图 5-15 所示的界面,只需输入相应的用户名和密码就可以登录。登录后出现图 5-16 所示的画面,可以看到计算机 Ypl604s20 中出现"本地磁盘(E)"的共享图标。

图 5-14　"Workgroup"工作组窗口

图 5-15　"连接到 YPL604S20"界面

图 5-16　"连接到 Ypl604s20"共享图标

　　注意：在上述讲解中，第(3)～(8)步为设置已共享文件夹的访问权限，若仅要求对等网中的计算机可以互相访问并保持默认的"读取"权限，则在具体设置时可直接省略上述步骤。

　　特别提醒：在 Windows XP/7/8 操作系统下，设置文件共享方法类同上述。

5.2　打印机网络共享

　　网络打印机是指配备网络接口的打印机，常见的网络接口为以太网口。此类打印机可以直接与交换机连接，不需要连接在计算机上，局域网内的所有计算机可以通过网络打印机的 IP 地址使用打印服务。与普通需要服务器支持的网络共享打印机相比，网络打印机具有更高效、无需网络等待、数据不易丢失等特点。本地打印机就是连接在用户计算机上的打印机;打印机共享,就是将打印机设置为网络共享打印机供局域网其他用户使用,实现局域网内打印机共享。

假设实训的局域网中仅有一部打印机,现在要求将其共享,为整个局域网提供打印服务(以下操作在连接有打印机的计算机上完成)。

Windows XP 操作系统中设置打印机共享步骤如下:

(1) 如图 5-17 所示,单击桌面左下角的"开始"按钮,然后单击"控制面板"。

图 5-17 "开始"菜单

(2) 弹出图 5-18 所示的窗口,双击"打印机和传真"图标,进入图 5-19 所示的窗口,双击窗口左侧的"添加打印机"按钮。

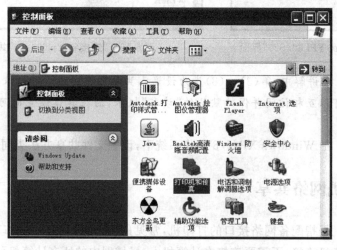

图 5-18 "控制面板"窗口

图 5-19 "打印机和传真"窗口

（3）弹出图 5-20 所示的"添加打印机向导"，单击"下一步"按钮。

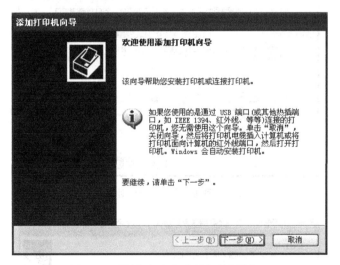

图 5-20 "添加打印机向导"对话框之一

（4）出现图 5-21 所示的对话框，由于打印机连接在本计算机，所以选择"连接到此计算机的本地打印机"，单击"下一步"按钮。注意，若该网络中无打印机，仅是为了做实训，则不勾选"自动检测并安装即插即用打印机"选项。

（5）出现图 5-22 所示的对话框，选择打印机所在的端口，之后单击"下一步"按钮。注意，若该网络中无打印机，仅是为了做实训，则选任意端口即可。

（6）在图 5-23 所示的对话框中选择打印机型号，选好后单击"下一步"按钮。注意，若该网络中无打印机，仅是为了做学生实训，则任选即可。出现图 5-24 所示的画面，用户可为打印机命名，之后单击"下一步"按钮。

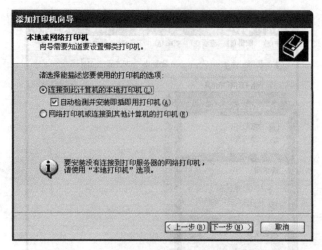

图 5-21 "添加打印机向导"对话框之二

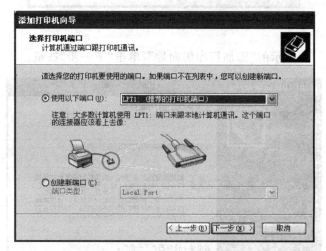

图 5-22 "添加打印机向导"对话框之三

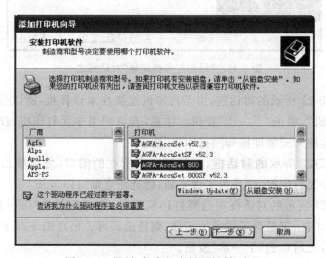

图 5-23 "添加打印机向导"对话框之四

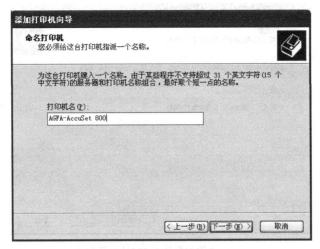

图 5-24 "添加打印机向导"对话框之五

（7）在图 5-25 中选择"共享名"，输入名称，如"901 办公室打印机"，之后单击"下一步"按钮。

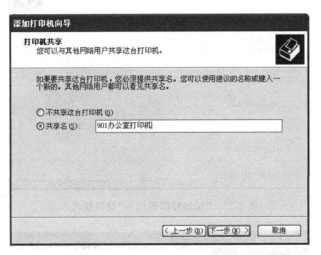

图 5-25 "添加打印机向导"对话框之六

（8）出现图 5-26 所示的对话框，要求输入"位置"和"注释"。假设分别输入Workgroup 和"邓老师办公室共享打印机"，输入完成后单击"下一步"按钮。

（9）出现图 5-27 所示的对话框，计算机会询问是否需要打印测试，若计算机确实连接有打印机则选择"是"，否则选择"否"。然后单击"下一步"按钮。

（10）出现图 5-28 所示的对话框，里面列出了先前的配置信息，确认后单击"完成"按钮。

（11）如图 5-29 所示，配置完成后，就可以在"网上邻居"里看到该网络打印机。

特别提醒：在 Windows 2003/7/8 操作系统下，设置打印机网络共享方法类同上述。

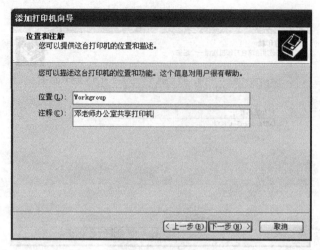

图 5-26 "添加打印机向导"对话框之七

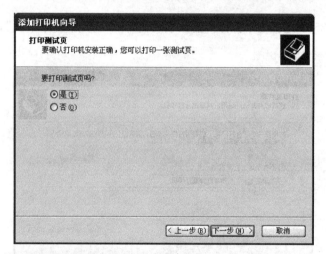

图 5-27 "添加打印机向导"对话框之八

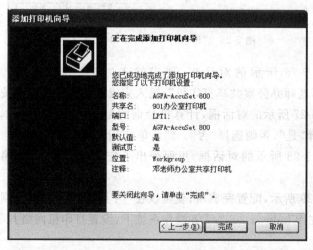

图 5-28 "添加打印机向导"对话框之九

图 5-29 "Workgroup 工作组"窗口

5.3 映射网络驱动器

用户从客户机上访问共享文件夹有两种方式,一种是通过"网上邻居"访问共享文件夹,另一种则是通过映射网络驱动器来实现的。由于方法简单,在此以 Windows XP 为例来讲解,其余操作系统设置方法类似。

具体配置方法如下:

(1)如图 5-30 所示,在"网上邻居"中找到要映射为网络驱动器的共享文件夹(如 User 文件夹)。右击该文件夹,在弹出菜单中单击"映射网络驱动器…"命令。

(2)弹出图 5-31 所示的"映射网络驱动器"对话框,在"驱动器"下拉列表中选择一个想要建立的驱动器盘符,单击"完成"按钮。

图 5-30 映射网络驱动器

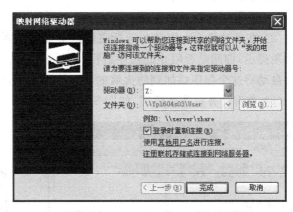

图 5-31 "映射网络驱动器"对话框

(3)打开"我的电脑"窗口,如图 5-32 所示,在"网络驱动器"处即可看到刚才映射的网络驱动器。双击该驱动器即可进入(若系统提示要输入用户名和密码,输入即可)。

图 5-32 "我的电脑"窗口

5.4 局域网通信软件应用

局域网上要传输文件或文件夹,常用的方法是设置共享文件夹,而往往会因为路由器、网关、防火墙和操作系统的相关设置等原因使文件共享不能顺利进行。

"飞鸽传书"是一款小巧易用的工具,它能轻松实现局域网中文件即用即传、网络通信(局域网间发信息、传送文件、文件夹)的目的。

具体使用方法如下:

(1)确保局域网互联互通。

(2)在各计算机上安装并运行飞鸽传书2007。默认情况下,初次运行时系统防火墙会出现提示,询问是否阻止此程序运行,这里选择"解除阻止"。其实,当按下此按钮时,系统会自动将这个程序添加到防火墙的"例外"列表中,如图5-33所示。

(3)查看计算机连通情况,如图5-34所示。

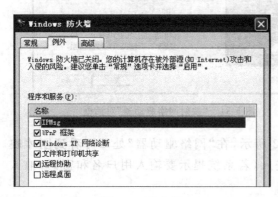

图 5-33 防火墙

图 5-34 飞鸽传书软件连接状态

（4）发送文件及文件夹。首先，右击计算机用户名，选择"传送文件"，如图 5-35 和图 5-36 所示。

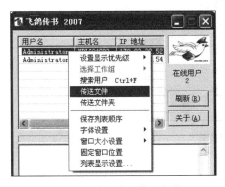

图 5-35　右击选择"传送文件"　　　　　　图 5-36　单击"发送"按钮

如果选择好文件就可以直接发送了，在"发送"右侧还有两个比较实用的功能，一个是"封装"，如果在发送时选中这个选项，当对方接受时，程序会用一个信封把要传送来的信息掩盖起来，如图 5-37 所示；

当对方单击"打开信封"后，才能看到发送过来的文件。同时在另一边会接收到一个信息提示，如图 5-38 所示，表示对方已经收到并打开了文件。

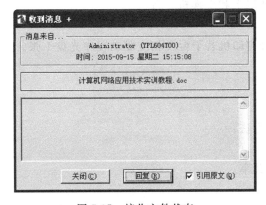

图 5-37　接收文件状态　　　　　　　　　图 5-38　信息提示

选择"封装"后，旁边的第二个功能"上锁"才能使用。简单讲就是在对方接受文件时需要输入正确密码才可以，初始时密码为空，可以通过右击桌面右下角的飞鸽传书图标，并选择"服务设置"来设置密码，设置界面如图 5-39 所示.

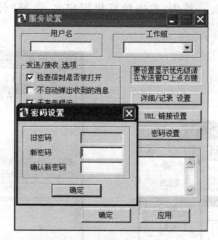

图 5-39　加密传输

实训任务 5　打印机局域网共享应用

1．实训目的

掌握局域网环境中 Windows 操作系统的本地打印机和网络共享打印机的安装设置方法，学会使用共享网络打印机。

2．实训器材

（1）局域网环境（计算机 3 台及以上和交换机 1 台）。

（2）普通打印机 1 台。

（3）HP LaserJet 500 或某型号打印机若干台及相应驱动程序光盘 1 张。

3．实训说明

（1）本地打印机安装设置方法。

（2）网络共享打印机安装设置方法。

（3）网络打印文稿方法。

（4）实现局域网普通打印机的共享。

4．实训内容和步骤

（1）安装打印机驱动程序。

将普通打印机连接在安装 Windows 的计算机上，然后在该计算机执行本地打印机安装操作。选择"开始"→"设置"→"控制面板"命令，打开"打印机和传真"文件夹，双击"添加打印机"图标，即可按照提示安装打印驱动程序。

（2）设置打印机共享。

在"打印机共享"界面，设置打印机是否共享。如果选中"不共享这台打印机"单选按钮,本地打印机只能被本机使用。如果选中"共享名"单选按钮,并在文本框中输入共享打印机的名称,就可以作为网络打印机使用。这里选中"共享名"单选按钮,输入共享打印机名称 HP500,如图 5-40 所示。

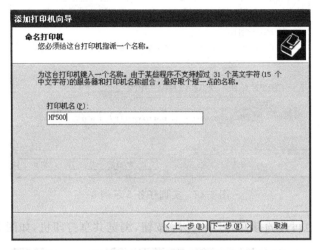

图 5-40　实训任务 5 示例 1

(3)在局域网中添加共享打印机。

打印机安装完成后,位于同一个局域网内的其他计算机可以通过添加共享打印机使用该打印机,添加共享打印机的过程如下,其中计算机操作系统环境为 Windows XP。

打开添加打印机向导,单击"下一步"按钮,选中"网络打印机或连接到其他计算机的打印机"单选按钮,如图 5-41 所示。

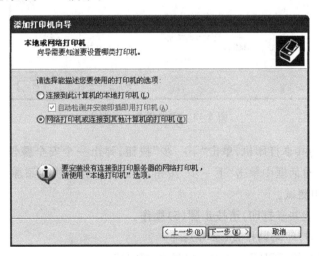

图 5-41　实训任务 5 示例 2

单击"下一步"按钮,在弹出的对话框中选中"连接到这台打印机"单选按钮,输入共享打印机的位置和名称,如\\共享打印机的计算机名称\HP500,单击"下一步"按钮,如图 5-42 所示。

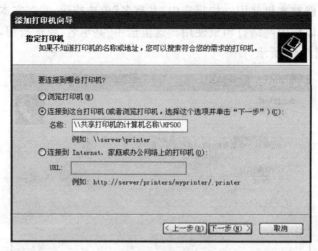

图 5-42　实训任务 5 示例 3

为方便起见，也可以直接单击"下一步"按钮，浏览共享打印机，如图 5-43 所示。

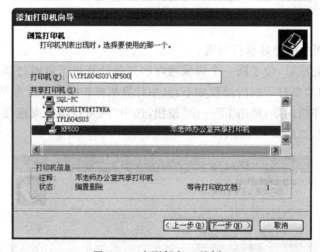

图 5-43　实训任务 5 示例 4

选中要连接的共享打印机，单击"下一步"按钮，弹出一个安全警告对话框，单击"是"按钮，并在弹出的对话框中单击"下一步"按钮，完成共享打印机的添加。

（4）网络打印测试。

若有问题，不能共享打印，请按步骤（5）操作。

（5）网络共享打印问题排查（参考）：

① 查看双机上的 TCP/IP 是否已启用 NetBIOS。

② 查看双机是否已安装"Microsoft 网络的文件和打印共享"功能，并确保它不被 Windows 防火墙阻止。

③ 查看双机上的"计算机浏览器服务"的状态是否"已启用"。

④ 查看打印服务器上 Guest（来宾）账户的状态，查看本地安全策略是否阻止 Guest

从网络访问这台计算机,查看本地安全策略"空密码用户只能进行控制台登录"是否启用。

⑤ 查看打印服务器上是否安装有第三方防火墙软件,以及它是否屏蔽了 NetBIOS 端口。

⑥ 查杀病毒。

⑦ 检查打印机驱动程序。

如何检查打印机驱动程序,要确定打印机驱动程序安装是否有问题,删除打印驱动,并重新安装默认打印机驱动程序。

5. 实训要求

本次实训后小结,需要写清楚实训操作过程中出现的问题,以及解决办法。

实训任务 6　　局域网数据共享传输

1. 实训目的

掌握局域网环境下的 Windows 系统的文件及文件夹高速传输。

2. 实训器材

(1) 局域网环境。
(2) 局域网即时通信软件——飞鸽传书软件。
(3) 2G 以上的文件或文件夹压缩包一个。

3. 实训说明

(1) 用户访问共享文件的权限设置。
(2) Windows 系统下共享文件夹(磁盘)的设置及访问。
(3) 实现局域网文件及文件夹共享传输。

4. 实训内容和步骤

(1) 确保局域网互连互通。
(2) 在各计算机上安装并运行飞鸽传书 2007。默认情况下,初次运行时系统防火墙会出现提示,询问是否阻止此程序运行,这里选择"解除阻止"。系统会自动将这个程序添加到防火墙的"例外"列表中,如图 5-44 所示。

这样做可以保证软件的正常运行,来看一下该软件的主界面,如图 5-45 所示。

因为当前的网络中没有检测到别的使用飞鸽传书的客户端,所以只会显示自己。

(3) 查看计算机连通情况。
(4) 发送文件及文件夹。

5. 实训要求

本次实训后小结,需要写清楚实训操作过程中出现的问题,以及解决办法。

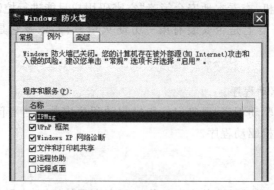

图 5-44 实训任务 6 示例 1

图 5-45 实训任务 6 示例 2

思考习题

1. 访问共享打印机有哪些方法？

2. 本地打印和网络打印有何不同？

3. 是否可以进行用户打印权限的设置？

4. 如何在因特网范围内实现打印机共享？如能请说明如何实现，如不能请分析原因。

5. 使用局域网即时通信软件传输文件与网上邻居共享文件夹传输文件有何区别？

6. 使用局域网即时通信软件，飞鸽传书软件传输文件资料与网上邻居共享文件夹传输文件资料，哪一个速度快？

7. 局域网即时通信软件传输数据资料有何优点？

第 3 篇

WLAN 无线网络构建

第 6 章　小型无线局域网

第6章 小型无线局域网

工作情境描述

现有一客户提出需求进行网络部署,但不巧的是,该客户的办公地点是一栋比较古老的建筑,不适合进行有线网络的部署,而且办公区较大,分了南北两个区,为了使得局域网用户能够正常通信并且实现资源共享,你将如何承担起这次无线网络的建设任务?

6.1 WLAN 通信技术基础

WLAN 相关概念如下

1. WDS(Wireless Distribution System)

无线分布式系统是一个在 IEEE 802.11 网络中多个无线访问点(AP)通过无线互连的系统。它允许将无线网络通过多个访问点进行扩展,而不像以前一样无线访问点要通过有线进行连接。这种可扩展性能使无线网络具有更大的传输距离和覆盖范围。

2. SSID 号

SSID(Service Set Identifier,服务集标识符)也可以写为 ESSID,是无线局域网的网络标识,客户端通过搜索此标识发现相应的局域网并可加入。

3. 802.11n 和 802.11g

802.11n 比 802.11g 提高了很多,802.11n 提高了无线传输质量,也使传输速率得到极大提升,由 802.11a 及 802.11g 提供的 54Mb/s,提高到 300Mb/s 甚至高达 600Mb/s。WLAN 的技术标准详如表 6-1 所示。

表 6-1 WLAN 的技术标准

技术标准	频段占用	最高速率	调制技术
IEEE 802.11	2.4GHz	2Mb/s	FHSS
IEEE 802.11b	2.4GHz	11Mb/s	DSSS
IEEE 802.11a	5.8GHz	54Mb/s	OFDM
IEEE 802.11g	2.4GHz	54Mb/s	DSSS
IEEE 802.11n	2.4GHz 和 5.8GHz	320Mb/s～600Mb/s	MIMO 和 OFDM

续表

技术标准	频段占用	最高速率	调制技术
HiperLAN1	5.3GHz	23.5Mb/s	GMSK
HiperLAN2	5.3GHz	54Mb/s	OFDM
HomeRF2.0	10GHz	10Mb/s	FHSS,WBFH
IrDA	波长 0.85~0.9μm	16Mb/s(VFIR)	PPM
蓝牙 1.0	2.4GHz	1Mb/s	FHHS,FM
蓝牙 2.0	2.4GHz	2Mb/s	FHHS,FM

在覆盖范围方面,802.11n采用智能天线技术,通过多组独立天线组成的天线阵列,可以动态调整波束,覆盖范围更大。

在兼容性方面,802.11n采用了一种软件无线电技术,它是一个完全可编程的硬件平台,使得不同系统的基站和终端都可以通过这一平台的不同软件实现互通和兼容,因此,802.11n可以向前后兼容,而且可以实现WLAN与无线广域网络的结合,比如3G。

4. 无线信道

信道是对无线通信中发送端和接收端之间的通路的一种形象比喻,对于无线电波而言,它从发送端传送到接收端,其间并没有一个有形的连接,它的传播路径也有可能不只一条,但是为了形象地描述发送端与接收端之间的工作,可以想象两者间有一个看不见的道路衔接,把这条衔接通路称为信道。信道具有一定的频率带宽,正如公路有一定的宽度一样。

5. 无线 AP(Access Point)

无线 AP 即无线接入点,它是用于无线网络的无线交换机,也是无线网络的核心。

6.2 无线宽带路由器基本配置

6.2.1 无线路由器物理结构

以 TL-WR941N450M 为例,它是一个集成了 WAN 口、LAN 口、NAT 和 DHCP 等功能的一个"傻瓜式"家电无线路由器,其中 WAN 口用来连接 Internet,LAN 口用来连接内部局域网络。

6.2.2 无线路由器基本配置

给路由器插上电源,使用计算机的无线网卡进行无线搜索,搜索到图 6-1 所示的无线局域网。其中 SSID 号为 FAST_1F2930 的即是计算机所使用的无线路由器发布的无线网络标识。从图标  上的"盾牌"标记可知，此无线局域网无需密码便可直接接入。

　　在图 6-1 中单击无线局域网 FAST_1F2930，选择"连接"按钮连接无线路由器。连接后屏幕右下角显示 图标，图标上的感叹号表示当前计算机已经成功连接无线局域网，但是 WAN 网处于不通状态。

　　打开浏览器，在地址栏输入 http：//192.168.1.1/，在弹出的登录框中输入用户名和密码（登录时需要使用的 IP 地址和登录信息，在路由器底部的标签纸上有记录，每种路由器的登录信息可能不尽相同）登录无线路由器的配置界面，如图 6-2 和图 6-3 所示。

图 6-1　搜索无线信号　　　　　　　　图 6-2　登录无线路由器

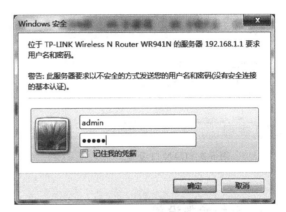

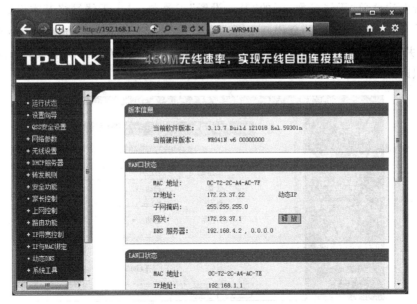

图 6-3　无线路由器管理界面

单击左边"网络参数"菜单,并选择"LAN 口设置"子菜单,可看到无线路由器的 LAN 口的 MAC 地址、IP 地址及子网掩码,可在此界面修改 IP 地址和子网掩码,此端口 IP 地址即为整个局域网其他计算机的网关 IP 地址,如图 6-4 所示。

单击左边"网络参数"菜单,并选择"WAN 口设置"子菜单进入"WAN 口设置"页面。根据用户实际所处的网络情况,选择"WAN 口连接类型",输入上网账号和上网口令(这些具体配置信息由 ISP 服务器提供),单击页面下方的"保存"按钮完成 WAN 口设置,如图 6-5 所示。

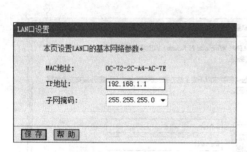

图 6-4　LAN 口设置

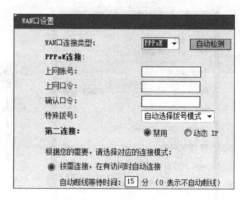

图 6-5　WAN 口设置

6.2.3　无线参数设置

单击左边菜单"无线参数"下的"基本设置"子菜单,进入无线网络基本设置页面,如图 6-6 所示。修改 SSID 号为 YPL901,选择频段为 6,选择模式为 11bgn mixed,频段带宽40MHz,并勾选"开启无线功能"和"开启 SSID 广播",此时,无线终端搜索到的无线局域网的标识即为"YPL901"。

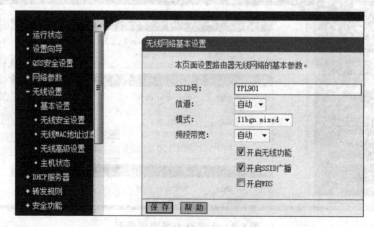

图 6-6　无线基本设置

如果需要在无端终点连接此无线局域网的时候输入认证信息,则在图 6-7 中选择"无线安全设置",在"无线安全设置"窗口中,可以选择 WEP、WPA/WPA2 或 WPA-PSK/WPA2-PSK 类型(其中 WEP 加密是最早在无线加密中使用的技术,密钥较短,是一种不够安全的认证方式,而 WPA/WPA2 或 WPA-PSK/WPA2-PSK 类型的密钥较长,比WEP 加密安全)。安全类型选择 WPA-PSK/WPA2-PSK,安全选项选择 WPA2-PSK(也可选择 WPA-PSK),加密方法选择 AES(也可选择 TKIP),输入 PSK 密钥为0123456789,单击"保存"按钮并重启路由器完成无线基本设置。

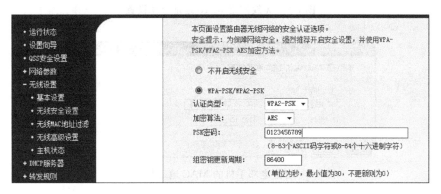

图 6-7　WPA-PSK/WPA2-PSK 加密

此时,无线终端搜索到此局域网的 SSID 为 YPL901,且连接时需要输入正确的密码0123456789 才能进入当前无线局域网。

6.2.4　MAC 地址过滤

单击左边菜单"无线参数"下的"MAC 地址过滤"子菜单,出现图 6-8 所示的界面,默认情况下,无线网络 MAC 地址过滤设置功能处于关闭状态。有两条过滤规则,一条是"允许列表中生效规则外的 MAC 地址访问本无线网络",即位于列表中生效规则内的客户端不能连接此无线网络,而其他客户端可以连接此无线网络;另一条规则是"禁止列表中生效规则外的 MAC 地址访问本无线网络",此条规则和前一条规则相仿,即只有位于列表中生效规则内的客户端才能连接此无线网络,而其他客户端不能连接此无线网络。接下来,以第二条规则举例,实现的目标是:老邓手机(MAC 地址为:20-02-AF-B3-66-A0)可通过之前配置的 WPA-PSK/WPA2-PSK 加密方式的密钥"0123456789"连接此无线局域网,而其他不在此规则范围内的主机则不允许连接此无线局域网。

在图 6-8 所示的界面中,选择"静态 ARP 绑定设置",在弹出的确认框中单击"启用"单选按钮,然后单击"增加单个条目",在接下来的窗口中,如图 6-9 所示,输入手机 MAC地址为 00-26-C7-25-04-34 和 IP 地址 192.168.1.101,状态选择"绑定",单击"保存"完成设置。接下来,可在图 6-10 所示的界面中,看到刚才配置的规则列表,在图 6-11 中,最后单击"启用"单选按钮和"保存"按钮完成所有的配置。

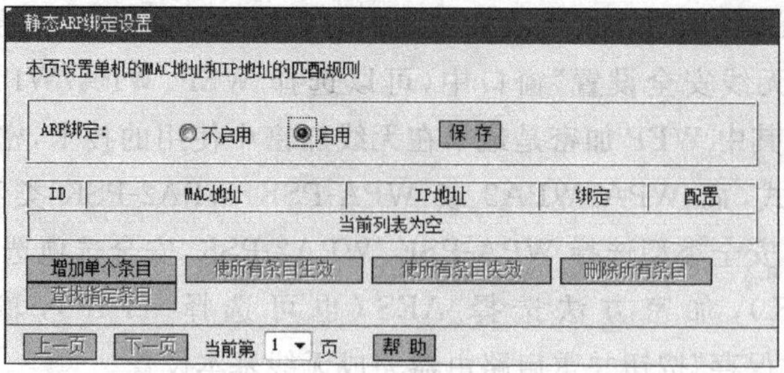

图 6-8　无线网络 MAC 地址过滤设置

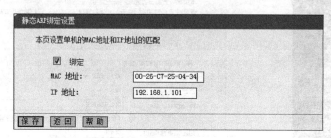

图 6-9　绑定老邓手机的 MAC 地址与 IP 地址

图 6-10　设置老邓笔记本

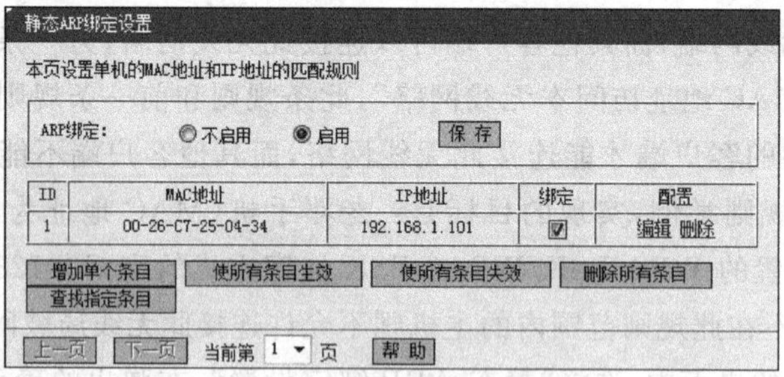

图 6-11　规则列表

在图 6-12 所示的界面中,可以配置上网控制规则的管理,路由器可以限制内网主机的上网行为。在本页面,可以打开或者关闭此功能,并且设定默认的规则。更为有效的是,可以设置灵活的组合规则,通过选择合适的"主机列表"、"访问目标"、"日程计划",构成完整而又强大的上网控制规则。

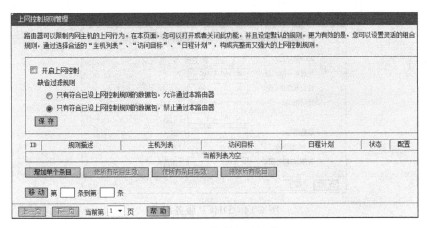

图 6-12 上网控制规则的管理

单击"增加单个条目"按钮,如图 6-13 所示,可以设置上网控制的相关规则。

图 6-13 上网控制规则设置

6.2.5 DHCP 服务配置

单击左边"DHCP 服务配置"下的"DHCP 服务"子菜单,可进入 DHCP 服务页面,如图 6-14 所示。从此图可看出,当前笔者无线路由器给客户端分配的 IP 地址范围是 192.168.1.100-192.168.1.199,地址租期为 120 分钟,网关为 192.168.1.1,主 DNS 服务器 IP 地址为 0.0.0.0。可以根据自己的局域网规划需求,在此界面修改 DHCP 服务的具体配置参数值。

在"DHCP 服务配置"下的"客户端"子菜单,可查看当前 DHCP 的客户端列表信息,如图 6-15 所示。也可单击"DHCP 服务配置"下的"静态地址分配"子菜单,在右边的页面中单击"添加新条目",在接下来的"静态地址分配"窗口中,填写客户端的 MAC 地址以及需要给此计算机绑定的 IP 地址,选择"生效"状态值,单击"保存"按钮完成 IP 地址和 MAC 地址的绑定。如图 6-16 所示,在此无线局域网中,IP 地址 192.168.1.100 就只有 MAC 地址为 00-26-C7-25-04-34 的客户端才能使用。

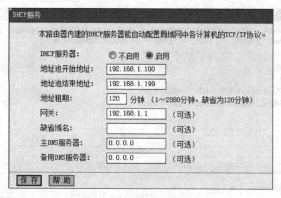

图 6-14　DHCP 服务配置

图 6-15　DHCP 客户端列表

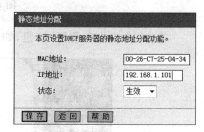

图 6-16　绑定 IP 地址

6.2.6　配置无线路由器登录信息

在对无线路由器进行配置时,需要按照路由器底部的标签条信息在计算机客户端浏览中输入相应的 IP 地址、登录名和密码,此登录名和密码默认是出厂设置的,实训的路由器登录名和密码都为 admin,从安全角度考虑,建议登录无线路由器的管理界面后修改此登录认证信息。

单击左边"系统工具"下的"修改登录口令"子菜单进入图 6-17 所示的"修改登录口令"界面,输入相应的认证信息,单击"保存"按钮并重启路由器完成设置。

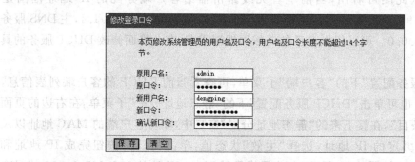

图 6-17　修改登录口令

6.3　IEEE 802.11n 无线路由器 WDS 应用

在无线网络成为家庭和中小企业组建网络的首选解决方案的同时,由于房屋基本都是钢筋混凝土结构,并且格局复杂多样,环境对无线信号的衰减严重。所以使用一个无线AP进行无线网络覆盖时,会存在信号差,数据传输速率达不到用户需求,甚至有信号盲点的问题。为了增加无线网络的覆盖范围,增加远距离无线传输速率,使较远处能够方便快捷地使用无线来上网冲浪,就需要用到无线路由器的桥接或 WDS 功能。

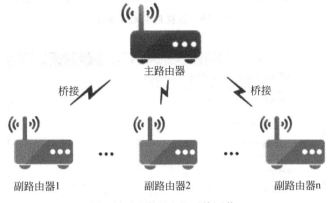

图 6-18　小型企业无线网络

图 6-18 为一小型企业无线网络,A,B,C 3 个部门如果只使用 1 个无线路由器,可能会出现一些计算机搜到的信号很弱或者搜索不到信号的现象,导致无法连接无线网络。解决方法是:A,B,C 3 个部门各自连接一台无线路由器,3 台无线路由器通过 WDS 连接就可以实现整个区域的完美覆盖并消除盲点。

配置思想:无线路由器 B 作为中心无线路由器,无线路由器 A,C 与无线路由器 B 建立 WDS 连接。步骤如下:

1. 中心无线路由器 B 设置

登录无线路由器 B 管理界面,在“无线设置”→“无线网络基本设置”中设置“SSID号”、“信道”,如图 6-19 所示。

在“无线设置”→“无线网络安全设置”中设置无线信号加密信息,如图 6-20 所示。

记录无线路由器 B 设置后的 SSID、信道和加密设置信息,在后续无线路由器 A,C 的配置中需要应用。

2. 无线路由器 A 设置

(1) 修改 LAN 口 IP 地址。在网络参数-LAN 口设置中,修改 IP 地址和 B 路由器不同(防止 IP 地址冲突),如 192.168.1.2,保存,路由器会自动重启,如图 6-21 所示。

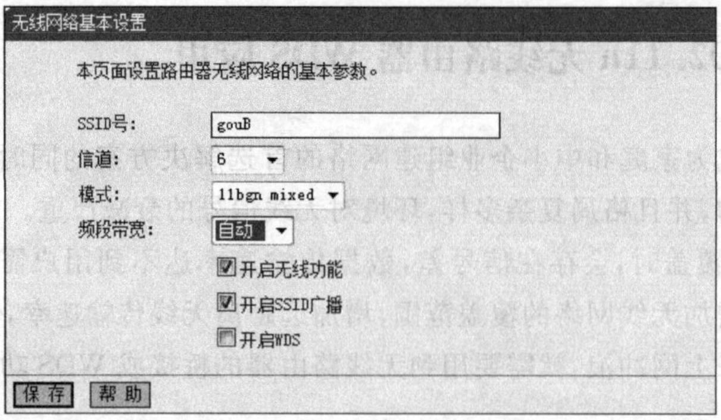

图 6-19　设置基本无线参数

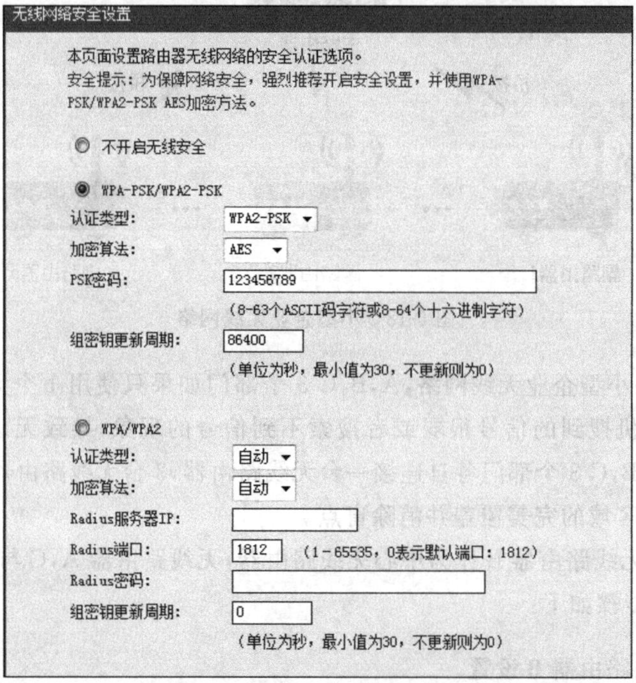

图 6-20　设置局域网连接认证信息

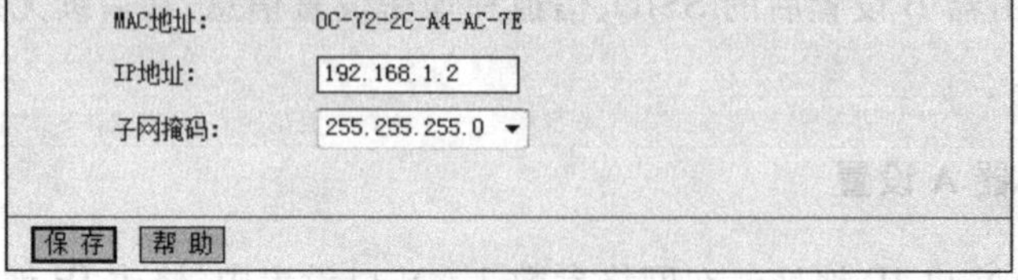

图 6-21　修改 LAN 口 IP

（2）启用 WDS 功能。重启完毕后,用更改后的 LAN 口 IP 地址重新登录无线路由器 A,在"无线设置"→"无线网络基本设置"中勾选"开启 WDS",如图 6-22 所示。

（3）WDS 设置。单击"扫描"按钮,搜索周围无线信号,如图 6-23 所示。

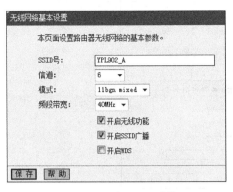

图 6-22　开启 WDS 功能

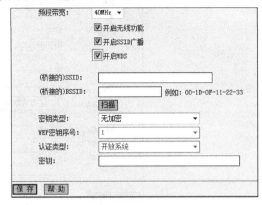

图 6-23　扫描

在扫描到的信号列表中选择 B 路由器 SSID 号,在图 6-24 中的 gouB 行后单击"连接"。

7	44-97-5A-35-5C-10	nan608	10dB	2	是	连接
8	BC-46-99-1D-07-52	102	12dB	6	是	连接
9	20-DC-E6-7C-B5-F0	505	11dB	6	是	连接
10	00-1F-64-C1-2C-6B	CMCC-CPE2	9dB	6	否	连接
11	00-1F-64-C1-32-A7	CMCC-CPE2	7dB	6	否	连接
12	00-1F-64-C1-2B-69	CMCC-CPE2	5dB	6	否	连接
13	00-1F-64-C9-51-89	CMCC-CPE3	6dB	6	否	连接
14	D0-DF-9A-F8-3F-51	JYH@effect	8dB	6	是	连接
15	BC-D1-77-D3-79-54	TP-LINK_D37954	8dB	6	是	连接
16	D0-C7-C0-7B-62-1E	TP-LINK_GP	7dB	6	是	连接
17	00-5A-39-0F-71-12	gouB	7dB	6	是	连接
18	00-5A-39-14-65-14	nan421	8dB	6	是	连接
19	FC-D7-33-9A-F9-08	nanfanqinnianjwc	12dB	6	是	连接
20	00-03-7F-D5-03-BD	TZ-SHS-CMCC-2	17dB	7	否	连接
21	00-03-7F-D5-09-F0	TZ_CC_CMCC_2	11dB	7	否	连接

图 6-24　AP 列表

将信道设置成与 B 路由器信道相同,如图 6-25 所示。

设置加密信息和 B 路由器相同,保存,如图 6-26 所示。

（4）关闭 DHCP 服务器。在 DHCP 服务器中选择"不启用",保存,重启路由器,如图 6-27 所示。

无线路由器 A 配置完成。此时无线路由器 A 与无线路由器 B 已成功建立 WDS。

（5）无线路由器 C 设置。

步骤与无线路由器 A 的配置相同,需要注意的是修改 LAN 口 IP 地址时,确认修改后的 IP 地址与网络中已有设备或计算机不能冲突。

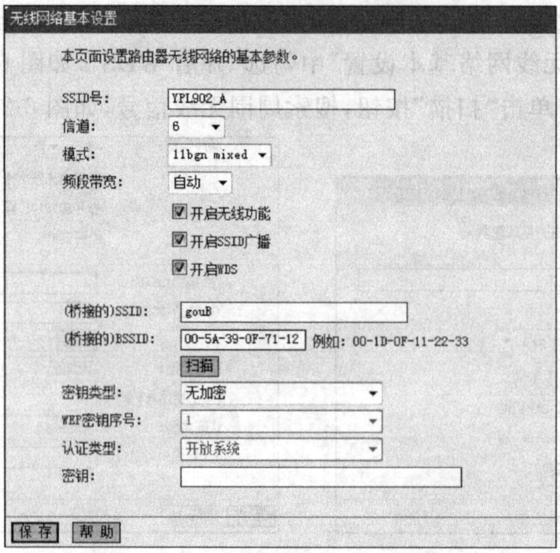

图 6-25 设置信道等信息

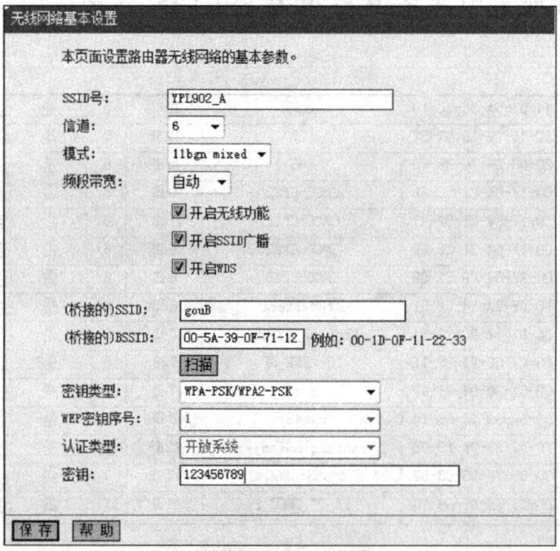

图 6-26 配置加密信息

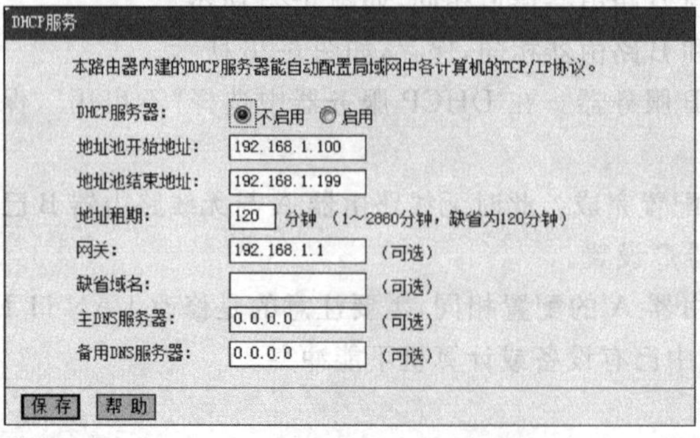

图 6-27 禁用 DHCP

6.4　无线漫游的应用环境

无线网络已经悄然成为现代化时尚办公的新宠,但单个 AP 的覆盖面积有限,因此一些覆盖面较大的公司往往会安置两个或两个以上 AP,以达到在公司范围的内都能使用无线网络的目的。但有些员工或无线终端希望具有完全移动能力,就如手机一样的漫游功能。这样需要使用多个 AP 来组成一个漫游网络。漫游网络中,多个 AP 是利用有线网络连接在一起的,利用有线网络扩充和延伸了无线网络的应用范围,如图 6-28 所示。

直线型扩展建议不超过三级

图 6-28　无线漫游环境

无线客户端用户从 X 位置移动到 Y 位置,都能保持网络连接。在使用时,无线网卡能够自动发现附近信号强度最大的 AP,并通过这个 AP 实现对整个网络资源的访问。无线漫游网络中,无线 AP 最好采用同品牌同型号同版本的产品。本书以 TP_LINK WR941N 为例。

6.4.1　无线漫游的具体配置

1. X 处无线 AP 的配置

步骤 1:将计算机有线网卡与 X 处 AP 的以太网口相连,将计算机的 IP 地址设置为自动获取,打开浏览器,输入 http://192.168.1.1,进入无线路由器登录页面,如图 6-29 所示。

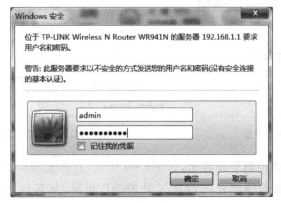

图 6-29　无线路由器登录界面

步骤2：输入用户名和密码进入无线路由器管理界面，打开无线参数/基本设置选项，如图6-30所示。

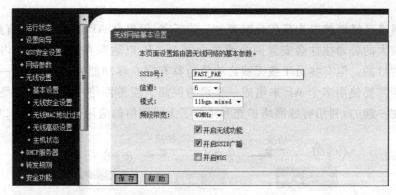

图6-30　无线网络基本配置

配置SSID号为FAST_FAE；频段为6；模式为450M(802.11g)；开启无线功能；不勾选开启安全设置。

2. Y处无线AP的配置

步骤1：将计算机的有线网卡与Y处AP的以太网口相连，打开浏览器，输入192.168.1.1，输入用户名和密码，进入无线路由器管理界面。单击网络参数/LAN口设置，如图6-31所示，将Y处AP的地址更改为192.168.1.2。修改LAN口IP是为了避免网络中IP地址冲突，以及方便管理各无线AP。LAN口IP修改及保存后，如果要检查该Y处AP的配置，可将浏览器中的IP地址改为192.168.1.2。

步骤2：在IE浏览器中输入192.168.1.2，打开Y处无线AP的管理界面，如图6-32所示，关闭DHCP服务器。

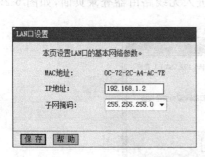

图6-31　LAN设置

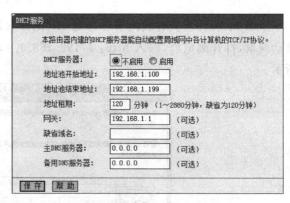

图6-32　DHCP设置界面

步骤3：在无线路由器管理界面，如图6-30所示，打开无线参数/基本设置选项。将无线频段改为1，其他选项配置内容与X处的AP相同，尤其是SSID要与X处的AP一致。

至此,两个无线 AP 中配置已完成。如果想对无线网络加密,可将 X 和 Y 处 AP 设置为一样的加密方式和密码。

6.4.2 无线网卡的设置

对于移动客户端来说,无线漫游的设置和连接一个 AP 的设置没有什么不同,无须特殊设置。无线网卡只需连接到漫游网络中任一 AP,则该客户端就可在漫游网络中的任一位置进行连接并能保持稳定通信。

总地来说,组建一个无线漫游网络需要注意如下事项:

(1) 最好通过有线将这些无线 AP 连接起来,组成一个骨干网络,这样性能更稳定。

(2) 无线 AP 最好采用同品牌同型号同版本的产品。

(3) 修改各无线 AP 的管理地址。这样既利于管理又可以防止 IP 地址冲突。

(4) 配置无线 AP 时,所有无线 AP 的 SSID 号、无线加密方式及密码都要一致。

(5) 相邻两个无线 AP 的频段最好错开 5 个频段,防止无线 AP 相互之间干扰。

(6) 局域网中只开启一个 DHCP 服务器。建议开启与外网连接 AP 的 DHCP 服务器,关闭其他 AP 的 DHCP 服务器。

6.5 IEEE 802.11g 无线桥接的应用

6.5.1 WDS 无线分布式系统

无线分布式系统(Wireless Distribution System,WDS),是一个在 IEEE 802.11 网络中多个无线访问点通过无线互连的系统。它允许将无线网络通过多个访问点进行扩展,而不像以前那样,无线访问点要通过有线进行连接。这种可扩展性能,使无线网络具有更大的传输距离和覆盖范围。在 FAST 无线路由器上通过无线网络桥接功能来实现WDS。桥接又分为点对点的桥接和点对多点的桥接。无线桥接示意图见图 6-33。

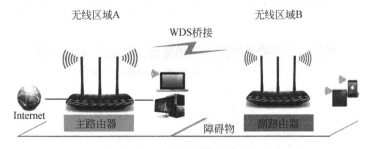

图 6-33 无线桥接示意图

如图 6-33 所示,住在同一栋楼的住户 B,C,D 希望通过 A 家的 ADSL 宽带无线上网,但是 B,C,D 家中只有部分区域信号较好,其他区域信号弱或者根本就搜不到信号,怎么办? 在 B,C,D 家中各增加一台 FAST 无线路由器,通过无线桥接功能就可以实现整个区域的完美覆盖、消除盲点,这是点对多点桥接的典型应用。如果只有住户 B 想通过 A 家的 ADSL 宽带无线上网,则需要用到点对点的桥接模式。

6.5.2　WDS 无线桥接配置

配置指导:

如图 6-33 所示,住户 A,B,C,D 家中的无线路由器依次标记为无线路由器 A、无线路由器 B、无线路由器 C、无线路由器 D。

IP 地址 192.168.1.X 中 X 的范围为 2～254 之间的任何数字,但是所有计算机和无线路由器的 IP 地址的最后一位不能相同。

(1) 配置连接计算机的 IP 地址等参数为"IP:192.168.1.X 掩码:255.255.255.0 网关:192.168.1.1 DNS:咨询服务商"。

(2) 配置无线路由器 A。启用"无线参数"的 Bridge 功能,写入无线路由器 B,C,D 的 MAC 地址(MAC 地址可从设备背板标贴上查看),并根据个人需求修改 SSID 和频段,如图 6-34 所示;在网络参数——WAN 口设置处,设置无线路由器 A 上网。

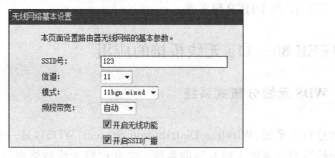

图 6-34　无线网络基本设置界面

(3) 配置无线路由器 B,C,D,禁用 DHCP 服务器,禁用后保存,如图 6-35 所示;修改 LAN 口 IP 地址为 192.168.1.X(各设备 IP 不同),如图 6-36 所示;启用"无线参数"的 Bridge 功能,写入无线路由器 A 的 MAC 地址,调整频段与无线路由器 A 一致,如图 6-37 所示。

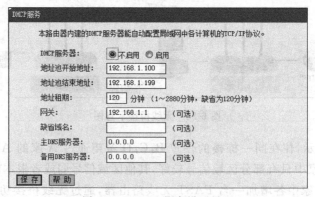

图 6-35　DHCP 服务设置界面

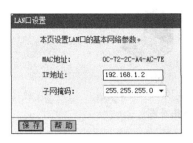

图 6-36　LAN 口设置界面

图 6-37　无线网络基本设置界面

（4）完成相关设置后，在"系统工具"菜单窗口界面单击"重启路由器"按钮，保存设置。至此相关设置完成。

（5）将无线路由器 A，B，C，D 放到指定位置。注意 B，C，D 的摆放位置要能较好地搜索到 A 的信号。

（6）操作各自的计算机无线连接到无线路由器，即可实现无线共享上网。

提示：不同产品的桥接功能其配置原理一样，只是在配置界面上有所区别。桥接时需要注意双方频段一致，以及填写好对方正确的无线 MAC 地址。

实训任务 7　Ad-Hoc 点对点无线连接

1. 实训目的

掌握在没有无线 AP 的情况下，如何通过无线网卡进行移动设备间的互联。

2. 实训器材

（1）RG-WG54U（802.11g 无线局域网外置 USB 网卡）两块。
（2）PC 两台。

3. 实训说明

（1）AD-HOC 来源于拉丁文，意思是为了专门的目的而设立的，在无线网络中主要应用于计算机间通过无线网卡共享数据，无线网卡通过设置相同的 SSID 信息，相同的信道信息，最终实现移动设备之间的通信。

（2）网络拓扑如图 6-38 所示。

4. 实训内容和步骤

第 1 步：安装 TL_WN823N 无线网卡

（1）把 RG-WG54U 适配器插入到计算机空闲的 USB 端口，系统会自动搜索到新硬件并且提示安装设备的驱动程序，如图 6-39 所示。

（2）如果硬件带安装 CD，建议单击"取消"按钮，关闭这个向导，用制造商的 CD 来安装这个硬件；否则，选择"是，暂时不"选项，单击"下一步"按钮，如图 6-40 所示。

PC1
192.168.10.100/24

PC2
192.168.10.200/24

图 6-38 实训任务 7 的网络拓扑图

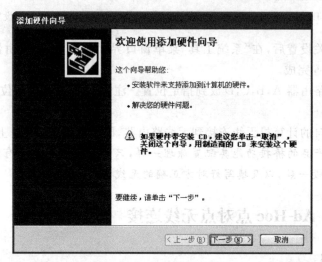

图 6-39 实训任务 7 示例 1

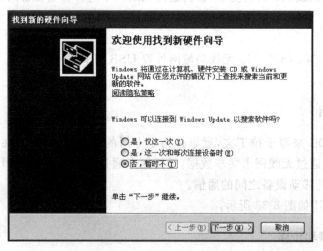

图 6-40 实训任务 7 示例 2

（3）选择"从列表或指定位置安装(高级)"，单击"下一步"按钮，如图 6-41 所示。

（4）单击"浏览"，选择驱动程序所在的相应位置，单击"下一步"按钮，如图 6-42 和
图 6-43 所示。

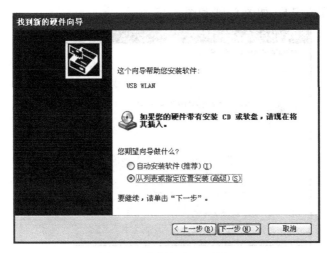

图 6-41   实训任务 7 示例 3

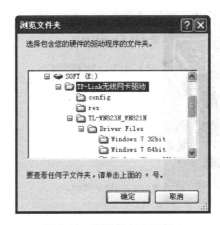

图 6-42   实训任务 7 示例 4

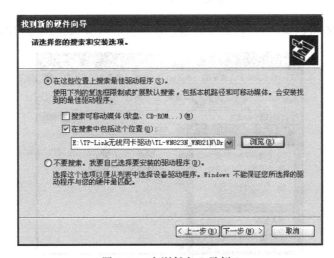

图 6-43   实训任务 7 示例 5

（5）按提示完成安装，如图 6-44 和图 6-45 所示。

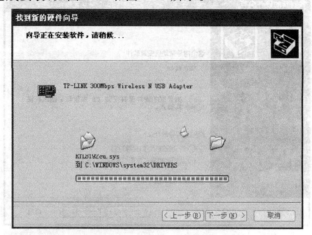

图 6-44　实训任务 7 示例 6

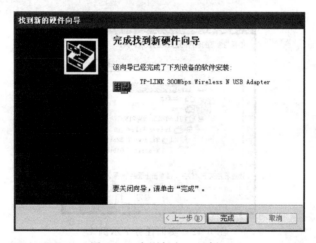

图 6-45　实训任务 7 示例 7

（6）查看计算机的网络连接，可以看出已经有无线网卡，如图 6-46 所示。

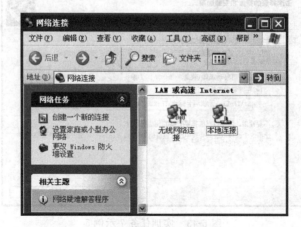

图 6-46　实训任务 7 示例 8

第 2 步：设置两台 PC 无线网卡的 IP 地址。

在两台机器的无线网络连接上右击开启它的属性窗口，双击 TCP/IP，为无线网卡配置 IP 地址，如图 6-47 和图 6-48 所示。

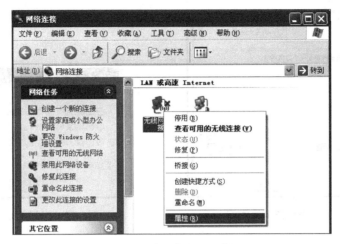

图 6-47　实训任务 7 示例 9

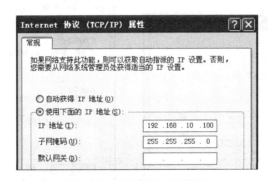

图 6-48　实训任务 7 示例 10

第 3 步：设置 PC1 无线网之间相连的 SSID 为"dengping 组号"，其中组号为实训机架号码，例如，一号机架的 SSID 为 dengping01。

（1）进入无线网卡的属性选项，如图 6-49 所示。

（2）在"无线网络配置"一栏中，单击"高级"按钮，选择"仅计算机到计算机"模式，如图 6-50 所示。

（3）在"无线网络配置"一栏中，单击"添加"按钮，添加一个新的 SSID 为 dengping01，网络验证为 WPA-None，数据加密为 AES，密码设置为 12345678；注意此处操作与 PC2 完全一致，如图 6-51 和图 6-52 所示。

第 4 步：配置 PC2 的相关属性。

PC2 的配置方法与 PC1 完全一致，但 PC2 的 IP 地址要设置为 192.168.10.200/24，否则与 PC1 的地址会有冲突。

第 5 步：测试 PC2 与 PC1 的连通性。

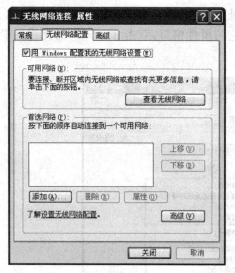

图 6-49 实训任务 7 示例 11

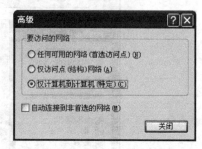

图 6-50 实训任务 7 示例 12

图 6-51 实训任务 7 示例 13

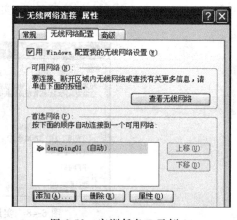

图 6-52 实训任务 7 示例 14

（1）查看无线网络，如图 6-53 所示。

图 6-53 实训任务 7 示例 15

（2）首先禁用其他非无线网卡，在 PC1 上 Ping PC2，如图 6-54 所示。

5. 实训要求

本次实训后小结，需要写清楚实训操作过程中出现的问题，以及解决办法。

图 6-54 实训任务 7 示例 16

实训任务 8 构建 Infrastructure 架构无线网络

1. 实训目的

构建 Infrastructure 基本结构模式无线网络,掌握拥有无线网卡的设备如何通过无线 AP 进行互联。

2. 实训器材

(1) RG-WG54U(802.11g 无线局域网外置 USB 网卡)两块。
(2) RG-WG54P(无线 LAN 接入器)1 台。
(3) PC 若干台。

3. 实训说明

Infrastructure 是无线网络搭建的基础模式。移动设备通过无线网卡或者内置无线模块与无线 AP 取得联系,多台移动设备可以通过一个无线 AP 来构建无线局域网,实现多台移动设备的互联。无线 AP 覆盖范围一般在 100~300m,适合移动设备灵活地接入网络,网络拓扑如图 6-55 所示。

4. 实训内容和步骤

第 1 步:安装 RG-WG54U 无线网卡。
第 2 步:RG-WG54P 无线局域网接入器的组装,设备连接情况如图 6-56 所示。

图 6-55 实训任务 8 的网络拓扑图　　　图 6-56 实训任务 8 的无线路由器的连接图

（1）准备要求。

① 安装了 10/100Base-TX 自适应快速以太网卡的 PC。

② PC 网卡请配置和设备同样网段的 IP 地址，AP 的默认 IP 为 192.168.1.1，所以可以配置网卡的 IP 地址为 192.168.1.X（X 不能为 1,0,255）。

（2）硬件安装：参照下面的步骤安装。

① 安装天线到 AP 的 ANT 上。

② 将一根直通线的一端与 AP 的 LAN 端口连接，另一端与供电模块的 11G AP 端口连接。

③ 将另一根直通线或交叉线的一端与供电模块的 NETWORK 端口连接，另一端与计算机的有线网卡端口连接。

④ 将电源插入供电模块的 DC IN 端口，安装完毕。

第 3 步：MERCURY MW150R 无线路由器的配置。

（1）设置 PC1 的以太网接口地址为 192.168.1.23/24，因为 MERCURY MW150R 的管理地址默认为 192.168.1.1/24，如图 6-57 所示。

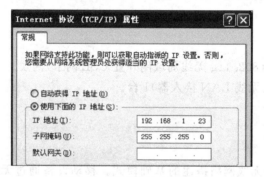

图 6-57　实训任务 8 示例 1

（2）从 IE 浏览器中输入 http://192.168.1.1，登录到 MERCURY MW150R 无线路由器的管理界面，输入默认密码为 admin，如图 6-58 和图 6-59 所示。

图 6-58　实训任务 8 示例 2

图 6-59　实训任务 8 示例 3

（3）在"在无线网络基本设置"窗口中，设置 SSID 为 ABC，信道/频段为 01/40MHz，模式为混合模式 11bgn mixed（此模式可根据无线网卡类型具体设置），如图 6-60 所示。

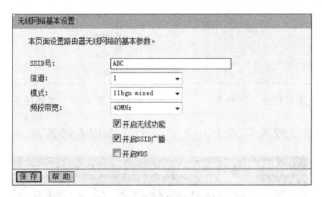

图 6-60　实训任务 8 示例 4

（4）配置完成后，单击"重启路由器"按钮，使配置生效，如图 6-61 所示。

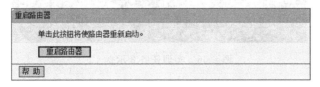

图 6-61　实训任务 8 示例 5

第 4 步：配置 PC1、PC2 无线网卡的静态 IP 地址，PC1：192.168.10.100/24，PC2：192.168.10.200/24，如图 6-62 和图 6-63 所示。

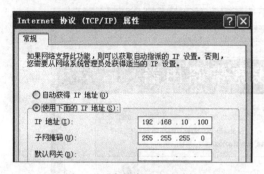

图 6-62　实训任务 8 示例 6　　　　　　　图 6-63　实训任务 8 示例 7

第 5 步：测试 PC2 与 PC1 的连通性。

（1）在无线网络连接窗口中，查看无线网络，可以看出无线网卡搜索到了 Wi-Fi 名称：ABC，若是 Windows 7 系统，如图 6-64 所示。

（2）选中 ABC，然后单击"连接"按钮，如图 6-65 所示。

图 6-64　实训任务 8 示例 8　　　　　　　图 6-65　实训任务 8 示例 9

（3）禁用其他非无线网卡，在 PC1 上 Ping PC2，如图 6-66 所示。

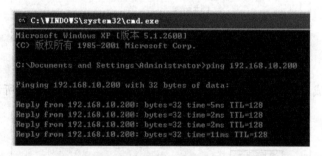

图 6-66　实训任务 8 示例 10

第 6 步：

（1）用无线 AP 做 DHCP 服务器，自动为无线 PC 分配 IP 地址，一般默认情况下，DHCP 服务器是启用的，IP 地址池为 192.168.1.100-192.168.1.199，如图 6-67 所示。

（2）选择"DHCP 服务器"的"启用"单选按钮，然后，根据实际用户数情况，修改起始及结束 IP 地址，然后单击"保存"按钮，如图 6-68 所示。

图 6-67　实训任务 8 示例 11

图 6-68　实训任务 8 示例 12

第 7 步：配置 PC1 和 PC2 的无线网卡 IP 为自动获取，如图 6-69 所示。

图 6-69　实训任务 8 示例 13

第 8 步：查看 PC1 和 PC2 的无线网卡 IP，如图 6-70 和图 6-71 所示。

第 9 步：测试 PC1 和 PC2 的连通性，如图 6-72 所示。

5. 实训要求

本次实训后小结，需要写清楚实训操作过程中出现的问题，以及解决办法。

图 6-70   实训任务 8 示例 14

图 6-71   实训任务 8 示例 15

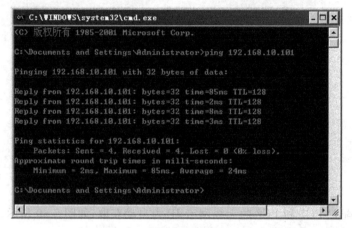

图 6-72   实训任务 8 示例 16

实训任务 9   构建 WDS 模式 SOHO 无线桥接网络

1. 实训目的

掌握拥有无线网卡的设备如何通过无线 AP 进行互联。

2. 实训器材

(1) RG-WG54U(802.11g 无线局域网外置 USB 网卡)3 块。

(2) MERCURY MW150R 无线 AP 两台。

(3) PC 若干台。

3. 实训说明

当需要扩大无线网络的范围时,将两个或两个以上无线区域连接起来,需要在架设无线时用到多个 AP 做桥接。无线分布系统（WDS）通过无线电接口在两个 AP 设备间创建一个链路。此链路可以将来自一个不具有以太网连接的 AP 的通信量中继至另一具有以太网连接的 AP。严格地说，无线网络桥接功能通常是指的是一对一，但是 WDS 架构可以做到一对多，并且桥接的对象可以是无线网络卡或者是有线系统。所以 WDS 最少要有两台同功能的 AP，最多数量则要看厂商设计的架构来决定。要求如下：

（1）无线 AP 的网络验证方式为 WPA-PSK，数据加密采用 AES，密钥为 87654321。

（2）无线 AP 作为 DHCP 服务器，为无线客户端分配 IP 地址，地址段为：192.168.100.100-192.168.100.220/24。

（3）实现有线和无线网络用户能相互访问。

（4）网络拓扑图如图 6-73 所示。

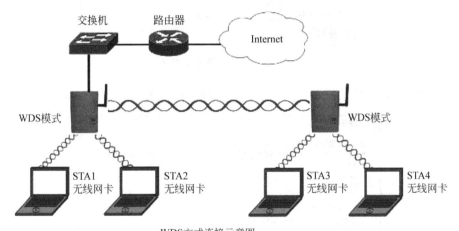

图 6-73　实训任务 9 网络拓扑图

4. 实训内容和步骤

第 1 步：AP1 的配置。

（1）用 IE 浏览器登录无线 AP1；MERCURY MW150R 无线路由器的常规配置如图 6-74 所示。

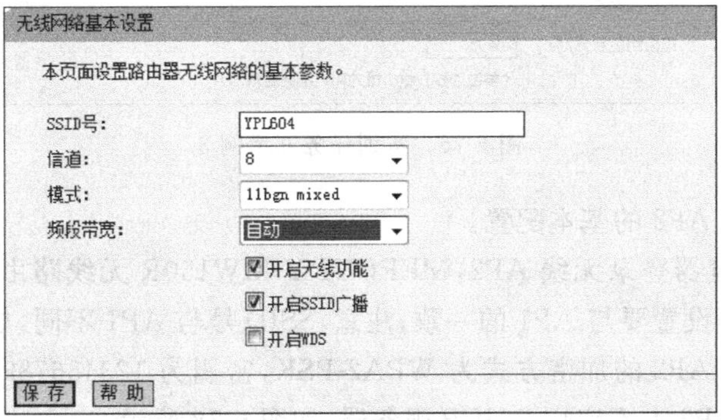

图 6-74　实训任务 9 示例 1

(2) 配置无线 AP1 做 DHCP 服务器,自动为无线 PC 分配 IP 地址;一般默认情况下, DHCP 服务器是启用的,IP 地址池为 192.168.1.100-192.168.1.199,可以根据实际情况 修改 IP 地址池,如图 6-75 所示。

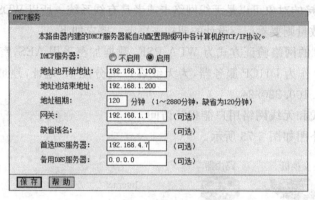

图 6-75 实训任务 9 示例 2

(3) 配置无线 AP1 的加密方式为 WPA2-PSK,密钥为 123456789,如图 6-76 所示。

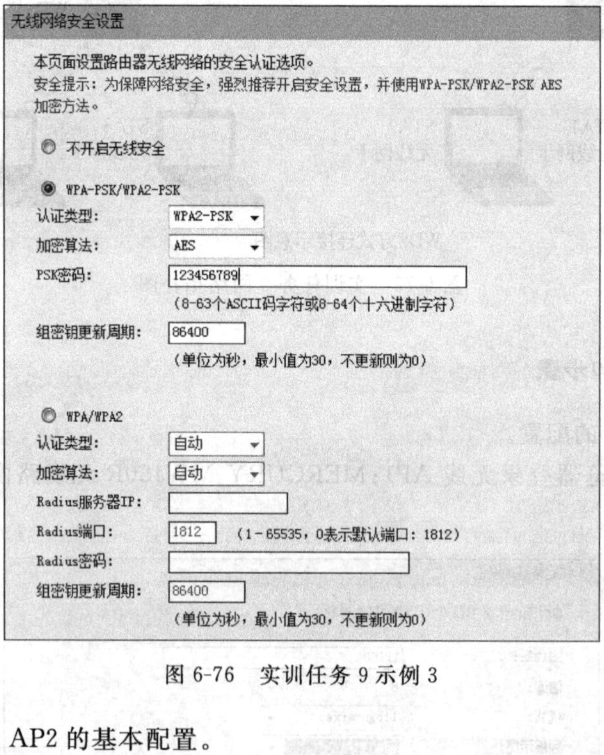

图 6-76 实训任务 9 示例 3

第 2 步:无线 AP2 的基本配置。

(1) 用 IE 浏览器登录无线 AP2,MERCURY MW150R 无线路由器的常规配置,如 信道、模式、频段等设置要与 AP1 的一致;注意,SSID 号与 AP1 不同,如图 6-77 所示。

(2) 配置无线 AP2 的加密方式为 WPA2-PSK,密钥为 123456789 与 AP1 的密码一 致;特别注意,在 AP2 上不启用 DHCP 服务器,如图 6-78 所示。

无线网络基本设置

本页面设置路由器无线网络的基本参数。

SSID号： ABC

信道： 8

模式： 11bgn mixed

频段带宽： 自动

☑ 开启无线功能

☑ 开启SSID广播

☐ 开启WDS

保存 帮助

图 6-77 实训任务 9 示例 4

DHCP服务

本路由器内建的DHCP服务器能自动配置局域网中各计算机的TCP/IP协议。

DHCP服务器： ◉ 不启用 ○ 启用

地址池开始地址：

地址池结束地址：

地址租期： 120 分钟 （1～2880分钟，缺省为120分钟）

网关： 0.0.0.0 （可选）

缺省域名： （可选）

首选DNS服务器： 0.0.0.0 （可选）

备用DNS服务器： 0.0.0.0 （可选）

保存 帮助

图 6-78 实训任务 9 示例 5

第 3 步：配置无线 AP1 的 WDS 功能。

（1）在"网络参数"中的"LAN 口设置"窗口中，或者在"运行状态"中查看 AP1 的 MAC 地址，如图 6-79 和图 6-80 所示。注：使用同样的办法查出 AP2 的 MAC 地址。

LAN口设置

本页设置LAN口的基本网络参数，本功能会导致路由器重新启动。

MAC地址： 9C-21-6A-CB-AD-1A

图 6-79 实训任务 9 示例 6

版本信息

当前软件版本： 5.6.30 Build 130427 Rel.32349n

当前硬件版本： MW150R 10.0 00000000

LAN口状态

MAC地址： 9C-21-6A-CB-AD-1A

IP地址： 192.168.1.1

子网掩码： 255.255.255.0

图 6-80 实训任务 9 示例 7

（2）在 AP1 设备的"无线网络基本设置"选中"开启 WDS"，选择"手动"指定远程无线 AP2 的 MAC 地址和 SSID 号，输入密码，单击"保存"按钮，如图 6-81 所示。

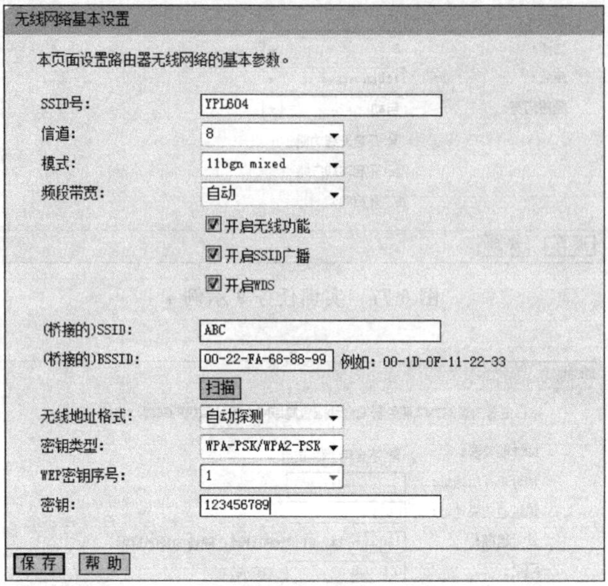

图 6-81　实训任务 9 示例 8

第 4 步：配置无线 AP2 的 WDS 功能，在 AP2 中"无线网络基本设置"选中"开启 WDS"，选择"手动"指定远程无线 AP2 的 MAC 地址和 SSID，然后单击"保存"按钮，如图 6-82 所示。

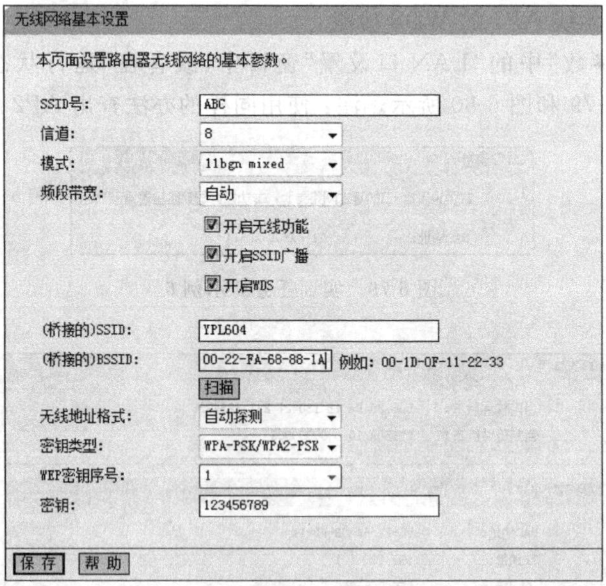

图 6-82　实训任务 9 示例 9

第 5 步：连接 PC2，单击"连接"按钮，输入密钥 123456789，如图 6-83 和图 6-84 所示。至此完成相关配置。

图 6-83　实训任务 9 示例 10

图 6-84　实训任务 9 示例 11

5. 实训要求

本次实训后小结，需要写清楚实训操作过程中出现的问题，以及解决办法。

思考习题

1. 组建 WDS 网络的无线路由器或 AP 所选择的无线频段必须相同，一般情况下，路由器或 AP 的频段是"自动选择"，如何设置保证频段相同？

2. 组建 WDS 网络的无线路由器或 AP 所设置的 SSID 可以不同，此时客户端在此网络中不能实现无线漫游，要想实现无线漫游，如何设置相同的 SSID 号？

3. 组建 WDS 网络的无线路由器或 AP 在安全设置中所设置的密码必须相同，但安全机制可以不同。当安全机制设置不同时，客户端在此网络将不能实现无线漫游，要想实现无线漫游需如何设置安全机制？

4. RG-WG54U 无线网卡默认的信道为 1，如遇其他系列网卡，则要根据实际情况调整无线网卡的信道，使多块无线网卡的信道一致，为什么？

5. 无线网卡使用固定 IP 和无线 AP 互联时，IP 地址是否需要在同一个网段？

6. 无线网卡通过 Ad-Hoc 方式互联，对两块网卡的距离有限制，工作环境下一般不建议超过多远的距离？

第 4 篇

ADSL 宽带接入 Internet

第 7 章　局域网共享上网

第7章 局域网共享上网

工作情境描述

局域网建成后,要想上因特网,就必须把局域网接入因特网,这也是当前网络建设中谈得最多的话题——局域网共享上网。你若是"网络高手",该如何做呢?

7.1 ADSL 宽带概念

宽带是相对于传统网络而言,具备较高通信速率和较高吞吐量的计算机网络。目前能提供的宽带网接入方式有 ADSL、以太网和 Cable Modem 3 种。ADSL 是宽带接入普及率比较高的一种,因为其是基于电话线基础上的一种网络。ADSL(Asymmetric Digital Subscriber Line,非对称数字用户线路),被誉为"现代信息高速公路上的快车",因具有下行速率高、频带宽、性能优等特点而深受广大用户的喜爱,成为继 Modem 和 ISDN 之后的一种更快捷、更高效的接入方式。

ADSL 是一种非对称的 DSL 技术,所谓非对称是指用户线的上行速率与下行速率不同,上行速率低,下行速率高,特别适合传输多媒体信息业务,如视频点播(VOD)、多媒体信息检索和其他交互式业务。ADSL 在一对铜线上支持上行速率 512Kb/s~1Mb/s,下行速率 1Mb/s~8Mb/s,有效传输距离在 3~5km 范围以内。

7.2 ADSL 应用

由于 ADSL 的普及,用户群体从家庭应用到企业应用不等,下面介绍几种上网的方式,大体可以分为单击上网、局域网多机共享上网等方式。当然不管哪种方式都应该有一条电话线,至于能否打电话无所谓。其次,还需要填写一些资料并申请一个宽带账号用来拨号,有很多地方都实行包年或者包月的方式,可根据自己的实际应用情况申请 ADSL。

申请宽带成功以后,一般分为单机应用和局域网多机共享上网的形式,以下针对两种形式分别介绍具体应用方式和配置方法。

7.2.1 ADSL 单机上网

单机上网多见于家庭应用,只有一台计算机的情况,大多数这样的个人用户都采用计算机直接拨号上网的方式。单机上网方式实际也就是计算机直接拨号的方式,先来看单机如何连接 ADSL 网络。如果是第一次申请开通 ADSL 宽带,ISP 商(因特网服务商)一般上门服务的时候会帮你把设备连接并且配置好,只需接电直接使用就是了。但当系统重装以后,下次该如何建立宽带连接呢?

图 7-1 是 ADSL 宽带拓扑连接图,在你的计算机里需要建立一个宽带拨号连接,或者买个小的家用路由器让它自动为你拨号,当然首先要学会在计算机里建立宽带拨号连接。下面以 Windows 7 操作系统为例,讲述宽带拨号创建过程。

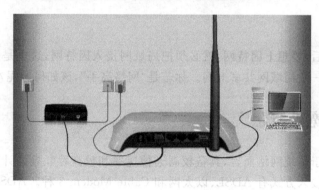

图 7-1　单机上网拓扑结构

7.2.2　宽带拨号连接创建过程

(1) 单击计算机的开始→设置→控制面板,选中"网络和共享中心",如图 7-2 所示。

图 7-2　控制面板

（2）在图 7-2 中，单击"网络和共享中心"，出现图 7-3 所示的窗口。

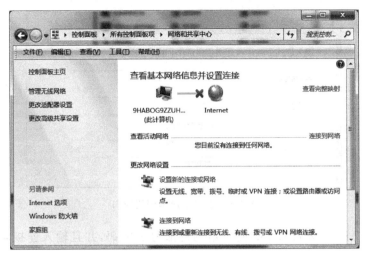

图 7-3　网络和共享中心

（3）在图 7-3 中，单击"设置新的连接或网络"，出现图 7-4 所示的"设置连接或网络"窗口。

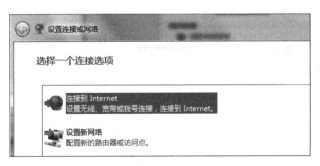

图 7-4　连接 Internet 选项窗口

（4）在图 7-4 的窗口中，选中"连接到 Internet"，单击"下一步"按钮，出现图 7-5 所示的"连接到 Internet"窗口。

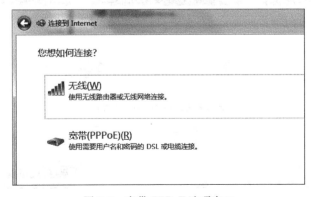

图 7-5　宽带 PPPoE 选项窗口

(5) 在图 7-5 中,单击"宽带(PPPoE)(R)"选项文字,出现图 7-6 所示的窗口界面。

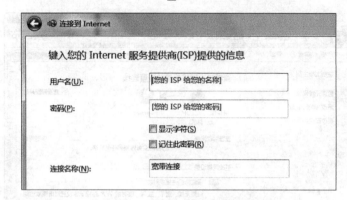

图 7-6 设置账户和密码窗口

(6) 在图 7-6 中,输入从 ISP 商申请到的账号和密码,并且输入连接名称,如图 7-7 所示。

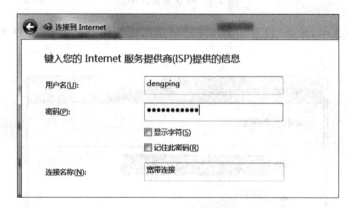

图 7-7 设置账号密码

(7) 在图 7-7 中,输入账号、密码和连接名称,出现图 7-8 所示的窗口。

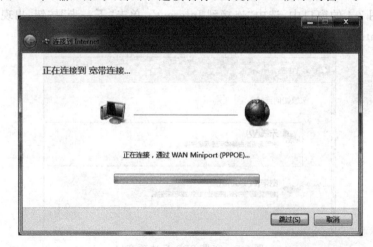

图 7-8 连接 Internet 状态

（8）以上步骤全部设置完成后，系统在"网络连接"窗口中创建一个快捷图标"宽带连接"。

一旦创建完毕，以后如果需要上网，快速双击图 7-9 右边的 ADSL 图标即可顺利上网，当然，宽带猫和网线必须连接正确，这个时候是计算机直接拨号接入因特网。

图 7-9　创建快捷方式

7.3　ADSL 多机共享上网

由于单机上网时用户的计算机是直接连入因特网上的，大多数用户没有安全意识，也不知道如何让自己的计算机变得安全，所以建议买个小无线路由器来，比如市场占有率较高的 TP-Link 等大众品牌的小型无线路由器，价格从 50～100 元不等。如果在宿舍人数稍微多的地方应用，当然建议采用带特殊功能的无线路由器，下面以大众品牌的 TP-link 为例讲述如何配置和使用宽带。

由于绝大多数宽带猫的路由功能被去掉了，所以只能再买一个了，一般的家用级别的路由器有 5 个端口，1 个接外网的接口（接宽带猫，一般颜色和内网口不一样）和 4 个接内网的端口（也就是用来接计算机的）。当然它并不是真正意义上的 5 端口路由器，内网的 4 个接口实际是 4 个交换机端口。图 7-10 为有线路由器的图片。

图 7-11 为有线＋无线功能的路由器，价格比有线路由器稍为贵点，但是对于大多数有便携式计算机的用户来说，无线路由器比较方便。无线路由器既可以提供有线接入也可以提供无线接入，可以拿着便携式计算机到处走，不受网线的限制，就像拿着手机一样。

7.3.1　宽带路由拓扑图

一般情况下，共享型宽带上网方式，加一个路由器后，可以按照图 7-12 所示的拓扑结构连接宽带网络。

图 7-10   有线宽带路由器   图 7-11   无线宽带路由器

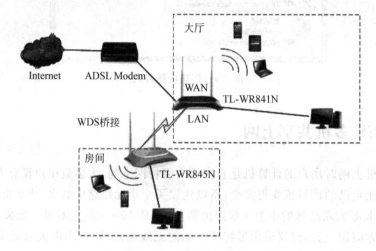

图 7-12   共享型宽带网络拓扑图

7.3.2   宽带路由器配置方法

下面以 TP-Link 家用路由器为例,在使用它之前首先需要对它进行配置,一般路由器出厂的默认管理地址为192.168.1.1,账户密码都为 admin,说明书或者路由器的底面的说明文字均有显示。如果时间久了忘记管理密码怎么办? 可以在路由器上找到写着 reset 的小孔,拔掉电源,持续按住并重新插上电源 3 秒后松开,即可恢复到出厂的设置。准备就绪后在桌面上打开 IE 浏览器,输入 http://192.168.1.1,即出现图 7-13 所示的管理界面。

登录路由器的管理界面后的主要功能菜单如图 7-14 所示,只需对几项主要的功能设置即可。如果是第一次配置一个新路由器,路由器会带领你到设置向导过程,这个操作过程很容易,按照提示设置宽带账户和密码即可。也可以在图 7-14 中的功能菜单中选择"网络参数"→"WAN 口设置",在其后出现的 WAN 口连接类型为 PPPoE 方式,然后输

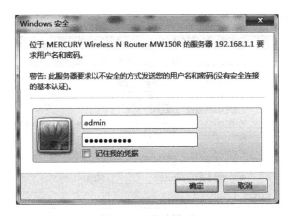

图 7-13　登录界面

入正确的上网账户和口令即可,假设向 ISP 申请的账户名为 dengping 和上网口令为 12345678,如图 7-14 所示。

图 7-14　宽带账号密码配置界面

建议不要修改图 7-15 的路由器的内网地址,保持路由器出厂设置 192.168.1.1,免得时间长了忘记修改后的地址。

图 7-15　路由器管理地址界面

另外,为了使用方便,可以让路由器来分配 IP 地址,免得内网的每台计算机都要手工设置 IP 地址,还会带来 IP 地址冲突的麻烦,在图 7-14 中的主要功能菜单中选择"DHCP 服务器"。然后勾选"启用",开始地址一般从 192.168.1.2 后开始,结束地址只要设置成≤=254 就可以了。一旦 DHCP 参数设置成功,计算机的 IP 地址设置成自动获得就可以了,如图 7-16 所示。

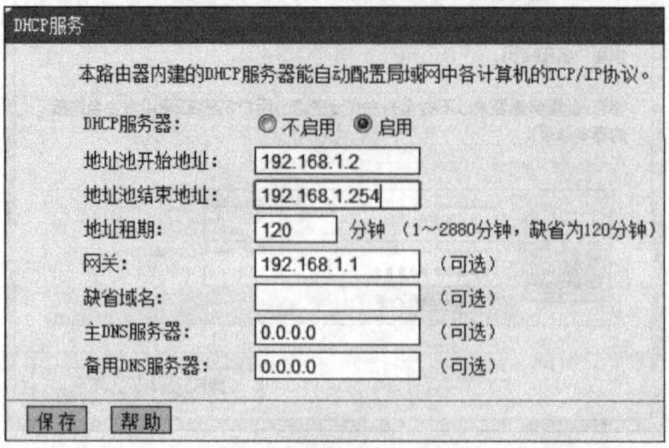

图 7-16　路由器自动分配 IP 地址配置界面

当然,在使用路由器的过程中,有时需要去路由器厂家的网址下载最新的路由器软件,升级后可能能在一定程度上能解决上网的一些缺陷,比如延时过大等问题,在功能菜单中选择系统工具,然后选择路由器升级,出现图 7-17,找到刚才下载的最新路由器软件(固件)升级即可。

图 7-17　路由器固件升级界面

7.3.3　特殊功能的宽带路由

对于宿舍这种人数较多的地方,由于带宽资源有限,需求无限,每人付费平均,而网络应用不同对带宽的需求也不同,为相对公平也为消除矛盾,建议采用带有限速、限制并发数的路由器(QoS 服务质量功能),这类路由器价格稍微贵一点,但是值得。下面以磊科(NetCore)路由器为例讲述如何配置和使用。这里只讲述特殊功能部分,常规功能部分与 TP-Link 路由器一样。

图 7-18 是路由器限速的画面,一旦限速完毕,可以防止宿舍某部分人用迅雷或者 BT一类软件占用带宽过大的情况。

图 7-18 的界面是对主机进行限制速度的界面,可以限制上行、下行速度,也可以单独对某一个 IP 地址限速。

另外还可以对每个 IP 进行并发数的限制,使用迅雷等软件下载的时候,会自动搜索

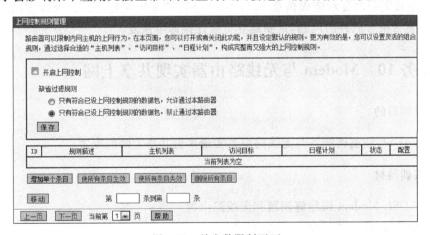

图 7-18　路由器限速界面

因特网上能提供下载资源的主机，一旦搜索到就会在双方之间建立并发数，并发数也是消耗路由器资源的。当某个人的因特网应用占用过多的并发数时会影响其他人的应用，直接表现就是一部分人发现在上网的时候网页打不开了。

如图 7-19 所示，对 192.168.1.3 这个 IP 进行了并发数的限制，并发数的大小一般设置成 300～500 即可，太小会影响用户使用，大多数人会同时用 QQ、浏览新闻和下载，设置得太小会影响某个应用无法正常，而设置得太大会过多消耗路由器资源。

图 7-19　并发数限制画面

7.4　ADSL 上网常见故障

在使用宽带的时候或多或少会出现问题，建议利用搜索引擎（比如谷歌或百度）快速查询故障原因及解决方法。那么常见的故障有哪些呢？

（1）连接宽带时提示错误信息 691：由于域上的用户名和密码无效而拒绝连接；或错误信息 619：不能建立到远程计算机的连接，因此用于此连接的端口已关闭。处理方法如下：

① 请认真核对账号和密码是否输入有误(与当时安装宽带的协议单对照一下)。

② 请核对账户或固定电话是否欠费,如果欠费请交费后重新输入账号和密码再尝试连接。

③ 如果是计算机系统异常退出,请将宽带调制解调器关闭 5 分钟之后再重新连接。如以上方法不起作用就打 ISP 服务商的故障申告台。

(2) 连接宽带时提示错误信息 678:远程计算机没有响应。处理方法如下:

① 检查一下宽带调制解调器的电话线是否接好了。

② 检查计算机的网线是否接好了。

③ 将宽带调制解调器和计算机关闭 5 分钟,然后先开调制解调器再开计算机,等调制解调器的线路灯长亮后再尝试连接。常见宽带调制解调器线路灯的英文标识:ADSL-Link,Line,ADSL,DSL 和 Link 等。

如以上方法不起作用,可致电 ISP 服务商的故障申告台。

(3) 连接宽带时提示错误信息 769:无法连接到指定目标。处理方法如下:

① 检查"本地连接"(即网卡)是否被禁用了,如果被禁用了,双击"本地连接"将其启用即可。

② 查看网卡驱动是否没有安装,如果没有安装驱动,请重新安装网卡驱动。

如以上方法不起作用,可致电 ISP 服务商的故障申告台。

(4) 连接宽带时提示错误信息 734:PPP 链接控制协议被终止。处理方法为:此故障一般为宽带拨号软件的问题,重新建立宽带连接即可恢复。

实训任务 10   Modem 与无线路由器实现共享上网

1. 实训目的

掌握 ADSL 调制调解器与无线路由器实现多机共享上网的配置。

2. 实训器材

(1) ADSL Modem 调制解调器和无线路由器。

(2) 电话线(已向中国电信开通电话服务)。

(3) PC 若干台。

3. 实训说明

(1) 连接 ADSL 调制解调器的电话线,已开通网络数据服务功能,并且申请了上网账号(如 abc)和密码。

(2) 移动设备通过无线网卡或者内置无线模块与无线路由器(AP)取得联系,多台移动设备可以通过一个无线 AP 来构建无线局域网。

(3) 以 TP-Link 家用路由器为例。

(4) 网络拓扑图如图 7-20 所示。

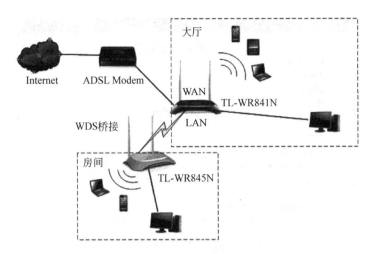

图 7-20　实训任务 10 的网络拓扑图

4. 实训内容和步骤

（1）连接 ADSL Modem 和无线路由器。

（2）将 ADSL Modem 恢复到出厂的默认设置。一般的 ADSL Modem 都有 RESET 按钮，插上电源，持续按住电源 3s 后松开，即可恢复到出厂的设置。

（3）登录无线路由器。将其恢复到出厂的默认设置，一般路由器出厂的默认管理地址为 192.168.1.1，用户名和密码都为 admin，打开 IE 浏览器，输入 http：//192.168.1.1，即出现图 7-21 所示管理界面。

图 7-21　实训任务 10 示例 1

（4）菜单中选择网络参数→WAN 口设置，其中 WAN 口连接类型为 PPPoE 方式，然后输入正确的上网账号和口令即可，如图 7-22 所示。

（5）功能菜单上选择"DHCP 服务器"。然后勾选"启用"，开始地址一般从 192.168.1.2 后开始，结束地址只要设置成≤＝254 就可以了。一旦 DHCP 参数设置成功，计算机的 IP 地址设置成自动获得就可以了，如图 7-23 所示。

（6）保存配置，重启无线路由器。

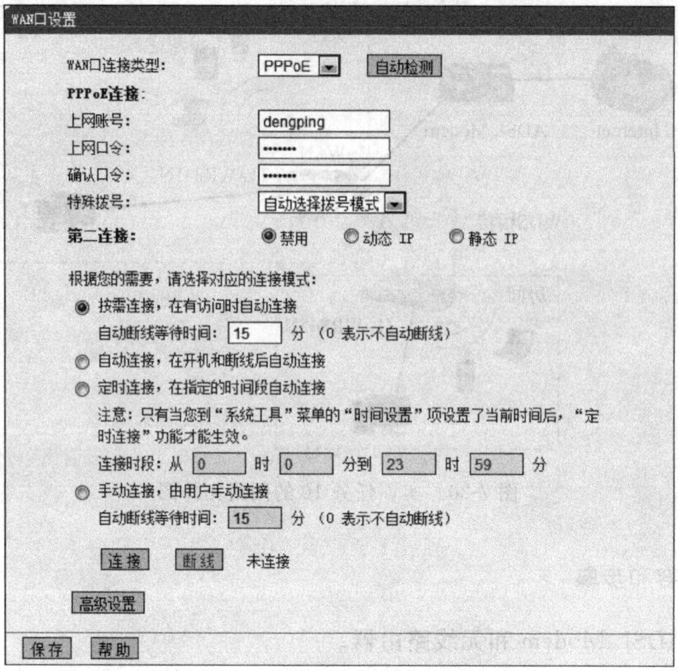

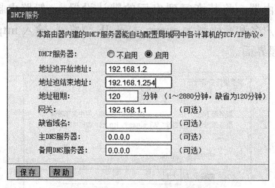

图 7-22　实训任务 10 示例 2

图 7-23　实训任务 10 示例 3

（7）测试共享上网。

5. 实训要求

本次实训后小结，需要写清楚实训操作过程中出现的问题，以及解决办法。

思考习题

1. 如果你购买的是无线宽带路由器，请查阅资料，路由器和计算机分别应该如何设置？怎样才能让无线路由器变得更安全，防止非法用户共享带宽？

2. 一个寝室有 8 个人共享宽带,如果只有一个 1WAN 口＋4LAN 口的有线路由器,这个时候 1 个路由器无法同时满足 8 个人访问因特网,现在提供两种设备以满足 8 人上网。

(1) 1 个 8 口的小交换机。

(2) 1 个 1WAN 口＋4LAN 口的有线路由器。

请分别画出拓扑图以及标明各 PC、路由器的 IP 地址的配置方法。如果有条件就在寝室里尝试连接。

3. 自己找资料找出小区的以太网宽带接入(也就是网线入户的方式)方式和 ADSL 宽带接入方式,它们在 PC 的配置和应用上有哪些地方是相同的,哪些地方是不同的?

第 5 篇

企业级网络构建

第3篇

企业级网络构建

第8章 企业级交换机与路由器基础

工作情境描述

某大型企业成功组建了 N 个小型办公网络后,由于单位业务的扩展,急需改扩建设企业网络。构建大型办公网络,必不可少的两大网络设备是网管交换机和企业级路由器。于是领导决定把规划、设计单位大型办公网络的任务交给你。你将如何进行网络规划、设计、实施?本章学习企业级交换机与路由器技术的相关基础知识。

8.1 交换机

8.1.1 交换机原理

交换机工作在 OSI/RM 的数据链路层。交换机的主要作用是将多台计算机和网络设备连接在一起构成交换式局域网。

交换机是端口带宽独享,端口之间可以采用全双工数据传输,实现数据的线速转发。交换机比集线器先进,允许连接在交换机上的设备并行通信,好比高速公路上的汽车并行行使一般,设备间通信不会再发生冲突,因此交换机打破了冲突域。例如,一台 100Mb/s 全双工交换机在使用时,每对端口之间的数据接收或发送都会以 100Mb/s 的速率传输,不会因为使用端口数的增加而减少每对端口之间的带宽。

有系统的交换机可以记录 MAC 地址表,发送的数据不会再以广播方式发送到每个接口,而是直接到达目的接口,节省了接口带宽。但是交换机和集线器一样不能判断广播数据包,会把广播发送到全部接口,所以交换机和集线器一样连接了一个广播域网络。

高端一点的交换机不仅可以记录 MAC 地址表,还可以划分 VLAN(虚拟局域网)来隔离广播,但是 VLAN 间也同样不能通信。要使 VLAN 间能够通信,必须有 3 层设备介入。

交换机的端口带宽有 10Mb/s、100Mb/s、10/100Mb/s 自适应、1000Mb/s、10/100/1000Mb/s 自适应以及 10Gb/s 等多种,有些交换机只具有其中一种端口,有些则兼有两种或多种端口。

针对不同应用环境的需求,有多种类型的交换机产品。

- 按照网络覆盖范围分类,有广域网交换机和局域网交换机。
- 按照传输介质和传输速度分类,有以太网交换机、快速以太网交换机、千兆以太网交换机、万兆以太网交换机、ATM 交换机和 FDDI 交换机等。

- 按照端口结构分类,有固定端口交换机和模块化交换机。
- 按照是否支持网络管理划分,有网管型交换机和非网管型交换机。
- 按照协议层次分类,有第 2 层交换机、第 3 层交换机、第 4 层交换机和第 7 层交换机。
- 按照应用层次分类,有企业级交换机、校园网交换机、部门级交换机、工作组交换机和桌面型交换机。
- 按照网络设计层次分类,有接入层交换机、汇聚层交换机和核心层交换机。
- POE(Power Over Ethernet)交换机。在现有的以太网 5 类布线基础架构不做任何改动的情况下,为一些基于 IP 的终端(无线 AP、IP 电话、网络摄像机等小型网络设备)传输数据信号的同时,还直接提供直流电源的技术。该技术是通过 4 对双绞线中空闲的两对来传输电力的,可以输出 44～57V 的直流电压、350～400mA 的直流电流,为功耗在 15.4W 以下的设备提供电源能量。该技术可以避免大量的独立铺设电力线,以简化系统布线,降低网络基础设施的建设成本。

无论如何称呼,交换机最根本的性能都是在第 2 层实现数据帧的线性交换。名称的不同,体现出来的是用户对交换机工作要求的不同。

8.1.2 交换机的 3 种转发方式

1. 存储转发式交换

存储转发式交换是交换机的基本转发方式。优点:出错的帧不会被转发;可通过定义一些过滤算法来控制通信流量;允许在不同速率的端口之间执行转发操作。缺点:传输延迟较大,并且随转发帧的长短而有所不同;负载较重时,其性能有可能下降,造成帧的丢失。

2. 直通式交换

交换机以直通方式转发信息时,并不需要把整个帧全部接收下来后再转发,而只须接收一个帧中最前面的目的地址部分(帧的前 14B)即可开始执行过滤与转发操作。优点:转发速度非常快;延迟的一致性很好。缺点:无法进行差错检验,错误帧仍然会被转发出去;不能在两个不同速率的端口之间转发。

3. 无碎片直通方式

为了既拥有直通方式快速的优点,又使小于 64B 的错误帧不被转发,可以让交换机在转发数据前,不仅接收目的 MAC 地址,还要求收到的帧必须大于 64B。优点:无碎片直通方式可以在不显著增加延迟时间的前提下降低转发错误帧的概率。

8.2　路由器

8.2.1　路由器原理

路由器工作在 OSI/RM 的网络层(第 3 层)。路由器都有自己的操作系统,但没有交换机那么多接口。它的主要作用是转发网络层数据包,在复杂的网络拓扑结构中找出一条最佳的传输路径,采用逐站传递的方式,把数据包从源节点传输到目的节点。

总的来说,路由器主要用来进行网络与网络的连接,是把数据从一个网络发送到另一个网络,这个过程就叫路由。它不仅能隔离冲突域,还能检测广播数据包(主要指本地广播数据包),并丢弃广播包来隔离广播域。在路由器中记录着路由表,路由器以此来转发数据,以实现网络间的通信。路由器的介入可以使交换机划分的 VLAN 实现互相通信。

受限广播数据包(255.255.255.255,网络段和主机段全为 1)不能通过路由器,只能将数据包广播给当前局域网的所有主机,故又称为本地广播。

直接广播(主机位全为 1,如 192.168.1.255/24)可通过路由器将数据广播给指定网络的所有主机。

集线器、交换机、路由器三者的区别:
* 集线器:纯硬件、用于连接网络终端、不能打破冲突域和广播域。
* 交换机:拥有软件系统、用于连接网络终端、能够打破冲突域,但是不能分割广播域。
* 路由器:拥有软件系统、用于连接网络、可以打破冲突域也可以分割广播域,是连接大型网络的设备。

8.2.2　接入设备

接入设备(Access Device)工作在 OSI/RM 的数据链路层或网络层,向用户提供远程连接访问网络资源的手段。常见的接入设备有路由器、多路复用器和调制解调器等。

8.3　常见网络设备端口

交换机、路由器和防火墙等网络设备可以与各种类型的物理网络连接,这就决定了这些网络设备的端口技术非常复杂。能连接的网络类型越多,其端口种类也就越多。网络设备的端口主要分为局域网端口、广域网端口和配置端口 3 类。

8.3.1　局域网端口

常见的局域网端口有 RJ-45,AUI,SC,GBIC 和 LC 端口。
* RJ-45 端口:这种端口通过双绞线连接以太网,用于连接主机、交换机或路由器。

10Base-T 的 RJ-45 端口标识为 ETH, 而 100Base-TX 的 RJ-45 端口标识为 10/100bTX。

- AUI 端口：老式的以太网端口，用于与粗同轴电缆连接，可以通过转换器转换为 RJ-45 端口，目前已基本不用。

- SC 端口：也就是常说的光口，用于与光纤的连接。光口通常连接到具有光口的交换机、路由器等网络设备，也可以直接连接带有光口网卡的计算机。

- GBIC 端口：GBIC(Giga Bitrate Interface Converter)是一种通常用在千兆以太网及光纤通道的信号转换器。透过此转换器的标准规范，千兆以太网络设备的端口可以直接对应各种实体传输端口，包括铜线、多模光纤与单模光纤。GBIC 端口是一种模块化端口，支持热插拔。

- LC 端口：是一种小型化 GBIC 端口，也是一种模块化端口，用于安装 SFP 模块。

- SFP 端口：小型可插拔设备 SFP(Small Form-factor Pluggable)是 GBIC 的升级版本，其功能基本和 GBIC 一样，但体积减小一半。

8.3.2　广域网端口

常见的广域网端口有 Async,Serial 和 BRI 端口。

- Async 端口：异步串行端口，主要应用于 Modem 或 Modem 池的连接。它主要用于实现远程计算机通过公用电话拨入网络，数据速率不高，不要求通信设备之间保持同步。

- Serial 端口：高速同步串行端口，主要用于连接 DDN、帧中继（FrameRelay）、X.25、PSTN(模拟电话线路)等广域网和接入网。它的数据速率比较高，但要求通信设备之间保持同步。

- BRI 端口：ISDN 的基本速率端口。BRI 端口分为两种：U 端口和 S/T 端口,U 端口内置了 ISDN 的 NTl 设备，这种端口可直接连接 ISDN 的电话线。目前我国使用的都是 S/T 端口的 BRI 端口，这种端口需要连接一个 NTl 设备（又称为 ISDN Modem），再通过此 NTl 设备连接 ISDN 电话线。

8.3.3　配置端口

常见的配置端口有 Console 端口和 AUX 端口。

- Console 端口：又称控制台端口，是一种 RJ-45 形式的端口。要用反转线和相应的转接头将其与 PC 的 COM 口连接，从而对路由器或交换机等网络设备进行本地配置。

- AUX 端口：又称辅助口，是一种异步串行端口，与 Async 端口具有相同的功能，可以通过电话拨号进行远程调试。

8.3.4 网络设备在常规三层设计模型网中的应用

一个好的园区网设计应该是一个分层的设计。一般为接入层、汇聚层和核心层 3 层设计模型,如图 8-1 所示。

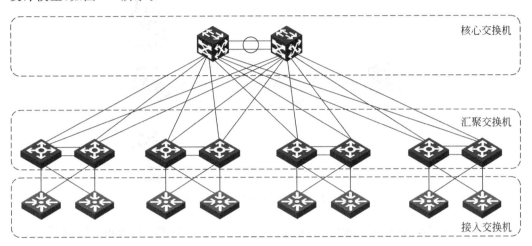

图 8-1 常规 3 层园区网络模型

- 接入层:解决终端用户接入网络的问题,为它所覆盖范围内的用户提供访问 Internet 以及其他信息服务,如常在这一层进行用户访问控制等。
- 汇聚层:汇聚接入层的用户流量,进行数据分组传输的汇聚、转发与交换;根据接入层的用户流量,进行本地路由,过滤、流量均衡、QoS 优先级管理,以及安全控制、IP 地址转换、流量整形等处理;根据处理结果把用户流量转发到核心交换层或在本地进行路由处理。
- 核心层:将多个汇聚层连接起来,为汇聚层的网络提供高速分组转发,为整个局域网提供一个高速、安全与具有 QoS 保证能力的数据传输环境;提供宽带城域网的用户访问 Internet 所需的路由服务。

8.4 交换机与路由器的基本配置

网络设备(例如路由器、交换机和防火墙等)和计算机一样,都需要使用操作系统。网络设备的操作系统是专用的,统称为 IOS(Intemetwork Operating System,网络操作系统)。IOS 是一个专为网络通信而设计和优化的复杂操作系统,采用了软硬件分离的体系结构。它可随网络技术的不断发展动态地升级。

一些网络设备(如交换机),可以在不进行任何配置的情况下就直接使用。但是为了对网络设备进行更好的管理,发挥其最大的性能,还是需要对其进行一定的管理配置。各种网络设备的 IOS 中,关于网络基本配置的方式是相似的,下面对其进行介绍。

8.4.1 网络设备常见连接方式

网络设备常见的连接方式有以下 4 种,如图 8-2 所示。

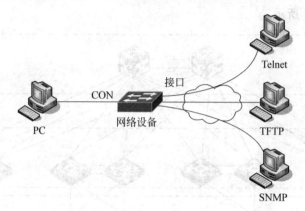

图 8-2 网络设备的常见连接方式

- CON:Console 口连接终端或运行终端仿真软件(如 Windows 的超级终端)的 PC。
- Telnet:通过 Telnet 远程登录配置交换机。
- TFTP:可以通过 TFTP 服务器下载配置信息,TFTP 服务器可以运行在 UNIX 工作站或者 PC 工作站。
- SNMP:通过运行网管软件(如 CISCOWorks)的工作站来管理交换机的配置。

一些网络设备(如路由器),还可通过 AUX(Auxiliary,辅助)端口连接 Modem,让管理员通过电话网与网络设备通信,进行远程配置。如图 8-3 所示。

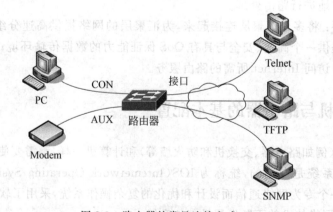

图 8-3 路由器的常见连接方式

除此之外,现在越来越多的网络设备支持通过 Web 方式连接,管理员可以通过浏览器直观地对网络设备进行配置。在网络设备中,防火墙的连接配置对安全性有特别要求。防火墙除了可以使用 CON,Telnet 和 TFTP 方式连接外,还可以通过 VPN 和 SSH 方式连接,如图 8-4 所示。

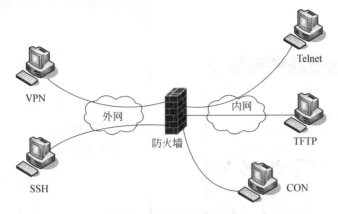

图 8-4 防火墙的连接方式

- VPN:可以通过一个运行 VPN 客户端软件的 PC 和配置了 VPN 的防火墙之间建立虚拟通道来实现对防火墙的配置。
- SSH:SSH 是和 Telnet 类似的一种应用程序,Telnet 以明文方式发送数据,而 SSH 采用密文的方式传输数据,因此具有更高的安全性。

出于安全因素的考虑,外网的用户只能以 VPN 或 SSH 的方式连接和配置防火墙。另外,虽然防火墙支持 SNMP,但通常只允许通过 SNMP 监视防火墙的状态,而不能通过 SNMP 配置防火墙。

网络设备在第一次配置时,通常需要通过 Console 口进行。在通过 Console 口进行了相应的配置后,才可以通过其他几种方式进行远程配置和管理。

下面介绍如何通过 Console 口来连接网络设备。

(1)用随机附带的 Console 线将 PC 的 COM 口与交换机或路由器的 Console 口连接起来。

(2)在已安装"超级终端"的 Windows 主机上,按所列步骤运行超级终端:单击"开始"→"程序"→"附件"→"通信"→"超级终端"命令后,弹出"连接描述"对话框,如图 8-5 所示。

(3)给本次连接起名,单击"确定"按钮后,弹出"连接到"对话框。

(4)根据实际所用的主机 COM 口号,在"连接时使用"下拉列表中选择对应的设备(例如 COM1),单击"确定"按钮后,弹出"COM1 属性"对话框,如图 8-6 所示。

(5)对 COM 口设置参数:位速率 9600b/s、8 位数据位、无奇偶校验、1 位停止位、数据流控制方式为"硬件"。单击"确定"按钮后,返回"超级终端"对话框,完成超级终端仿真软件的配置。

当完成超级终端仿真软件的配置后,主机就可以通过 Console 口连接上网络设备,使用命令行界面(Command Line Interface,CLI)方式配置和管理网络设备了。如果网络设备正常启动,直接按 Enter 键,进入用户命令模式,如图 8-7 所示。

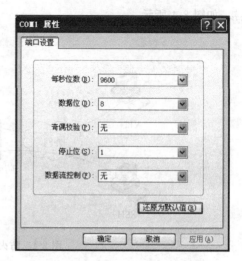

图 8-5 "连接描述"对话框　　　　　图 8-6 "COM1 属性"对话框

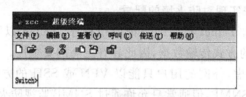

图 8-7 登录界面

8.4.2 IOS 命令模式

CISCO 的交换机和路由器都运行 IOS,其命令模式基本相同,下面以 CISCO 交换机为例加以说明。假如其主机名为 ZHZYXY(在全局配置模式下,可使用 hostname ZHZYXY 修改主机名称),则各种 IOS 命令模式如下。

1. 用户模式 ZHZYXY>

一旦连接到网络设备后,即进入用户模式 ZHZYXY>。这时只能看到交换机的连接状态,访问其他网络和主机,但不能看到和更改交换机的配置内容。

2. 特权模式 ZHZYXY#

在 ZHZYXY>提示符下输入 enable,交换机进入特权模式 ZHZYXY#,这时不但可以执行所有的用户命令,还可以看到和更改交换机的配置内容。

3. 配置模式 ZHZYXY(config)#

在 ZHZYXY#提示符下输入 configure terminal,交换机进入全局配置模式,这时可以设置交换机的全局参数。

4. 局部配置模式

在 ZHZYXY(config)♯提示符下输入局部配置参数,交换机进入相应的局部配置模式,这时可以设置交换机某个局部的参数。通过输入不同的局部配置参数,可进入不同的局部配置模式。例如要设置端口 e0 的局部参数,其配置如下。

```
ZHZYXY>                          (处在用户模式)
ZHZYXY>enable                    (在用户模式下,输入 enable 进入特权模式)
ZHZYXY#configure terminal (在特权模式下,输入 configure terminal 进入全局配置模式)
Enter configuration commands, one per line. End with CNTL/Z.
ZHZYXY(config)#interface fastEthernet 0/1
                  (在配置模式下,输入 interface fastEthernet 0/1进入端口配置模式)
ZHZYXY(config-if)#no shutdown    (激活端口)
ZHZYXY(config-if)# exit          (从局部配置模式回到全局配置模式)
ZHZYXY(config)#exit              (从全局配置模式回到特权模式)
ZHZYXY#  exit                    (从特权配置模式回到用户模式)
ZHZYXY>
```

不论处在哪一级模式,都可用 exit 命令退回到前一级模式,使用 end 命令或 Ctrl+Z 可以直接回到特权模式。

5. >或 rommon>

在开机后 60s 内按 Ctrl+Break 快捷键即可进入此模式,这时交换机不能完成正常的功能,只能进行软件升级和手工引导。

6. 设置对话模式

一台新的路由器开机时自动进入的模式,在特权命令模式(在用户模式下输入 enable)下使用 setup 命令也可以进入此模式,这时可以通过对话方式对交换机进行设置。

7. ZHZYXY(vlan)♯

在特权模式下输入 vlan database,进入 vlan 配置模式,这时可以配置交换机的 vlan 参数。

```
ZHZYXY#vlan database    (在特权模式下输入 vlan database 进入 vlan 配置模式)
ZHZYXY(vlan)#           (vlan 配置模式)
```

8.4.3　IOS 文件管理

像任何一种操作系统一样,IOS 也有自己用于文件管理的命令。在全局配置模式下,通过这些命令,IOS 可以方便地对操作系统和配置文件进行管理。

NVRAM 是非易失性 RAM(Nonvolatile RAM),用于存储网络设备的启动配置文件

(startup-config)。当 startup-config 被调入内存 RAM 中后,在 RAM 中运行的配置文件就是 running-config。对配置文件进行更改,其实只是对 running-config 进行更改,所以在处理完毕后,一般要把更改好的配置保存到 startup-config。

例如,保存配置文件到 tftp 服务器的命令 copy running-config tftp,也可简写为 copy run tftp,常用形式如下:

```
ZHZYXY#show running-config        (在特权模式下查看当前设备的运行状态)
ZHZYXY#copy running-config startup-config
                                  (进行配置以后,使用此命令行可以保存修改的配置)
ZHZYXY#write                      (使用此命令行也可以保存修改的配置,保存到 startup
                                  -config 配置文件中)
```

8.4.4 IOS 常用命令

1. 帮助命令

在 IOS 操作中,无论何种模式和位置,都可以键入"?"得到系统的帮助。

2. 改变模式命令

要改变模式命令,可用表 8-1 中所列的命令。

表 8-1 改变模式的命令

命 令	说 明	命 令	说 明
enable	进入特权命令模式	Interface type slot/number	进入端口设置模式
disable	退出特权命令模式	line type slot/number	进入线路设置模式
setup	进入设置对话模式	router protocol	进入路由设置模式
configure terminal	进入全局设置模式	exit	退出局部设置模式
end	退回特权命令模式		

3. 显示命令

要显示设备的配置和工作状态,可以用表 8-2 中所列的命令。

表 8-2 显示命令

命 令	说 明
show version	查看版本及引导信息
show running-config	查看运行设置
show startup-config	查看开机设置
show interfaces type slot/number	显示端口信息

命　　令	说　　明
show ip route	查看路由表信息
show history	查看用户输入的最后几条命令
show ip protocol	显示路由器配置了哪种路由协议

4．复制命令

要复制系统的配置信息，可用表 8-3 所列的命令。

表 8-3　复制命令

命　　令	说　　明
copy running-config startup-config	保存配置文件到 NVRAM
copy startup-config running-config	将配置文件从 NVRAM 调入内存
copy running-config tftp	保存配置文件到 tftp 服务器
copy tftp running-config	将配置文件从 tftp 服务器调入内存
copy startup-config tftp	保存 NVRAM 的配置文件到 tftp 服务器
copy tftp startup-config	将配置文件 tftp 服务器复制到 NVRAM
copy tftp flash	将配置文件或 IOS 从 tftp 服务器复制到 flash 中
copy flash tftp	将配置文件或 IOS 从 flash 复制到 tftp 服务器中
erase startup-config	删除配置文件
reload	重新装载系统，调入启动配置文件并逐条执行配置命令

5．网络命令

要登录远程主机、检测主机、跟踪路由，可用表 8-4 所列的命令。

表 8-4　网络命令

命　　令	说　　明
telnet {hostname	IP address}	登录远程主机
ping {hostname	IP address}	网络侦测
tracert {hostname	IP address}	路由跟踪

6．基本设置命令

要设置网络设备的密码、端口地址和一些基本工作参数，可用表 8-5 所列的命令。

表 8-5　基本设置命令

命　令	说　明
config terminal	全局设置
username username password password	设置访问用户及密码
enable password password	设置密码(明文显示)
enable secret password	设置密码(加密显示)
hostname name	设置设备名称
ip route destination subnet-mask next-hop	设置静态路由
ip routing	启动 IP 路由
interface type slot/number	端口设置
ip address address subnet-mask	设置 IP 地址
no shutdown	激活端口
line type number	物理路线设置
login [local│tacacs server]	启动登录进程
password password	设置登录密码

实训任务 11　交换机和路由器基本配置

1. 实训目的

(1) 熟练配置交换机和路由器的口令和主机名。

(2) 熟练配置远程登录交换机和路由器。

(3) 熟练配置交换机和路由器基本安全设置。

2. 实训器材

(1) 思科某型号的交换机和路由器一台。

(2) 直通网线和配置线。

(3) 带有超级终端程序的 PC 一台。

3. 实训说明

不同网络设备的需求和工作模式互不相同,其具体配置方法也会有较大的不同。但所有的交换机/路由器都有一些共同的部分,可以把这些部分作为基本的模板用于最初的配置。网络拓扑图如图 8-8 所示。

4. 实训内容和步骤

(1) 设置用户模式(Console 端口)登录密码。

console线   直通线   直通线

F0/0   F0/1   F0/2

路由器 192.168.1.1/24   交换机   PC2 192.168.1.2/24

图 8-8 实训任务 11 网络拓扑图

ZHZYXY＞enable（进入特权模式）

ZHZYXY♯configure terminal（进入全局配置模式）

Enter configuration commands，one per line. End with CNTL/Z.

ZHZYXY(config)♯line console 0（进入 Console 口配置界面）

ZHZYXY(config-line)♯password dengping（设置 Console 口登录密码为 dengping）

ZHZYXY(config-line)♯login（设置 Console 口为安全认证模式，只需要密码）

ZHZYXY(config-line)♯end（退回到特权模式）

ZHZYXY♯exit（退回到启动完毕界面）

此时登录则需要输入密码才能进入用户模式，如果要取消安全认证，则执行以下命令。

ZHZYXY(config-line)♯no password（删除密码）

ZHZYXY(config-line)♯no login（取消安全认证方式，如果只执行此行，也可以取消安全认证，但密码仍存在）

（2）设置用户模式（Console 端口）登录用户名和密码

ZHZYXY＞enable

ZHZYXY♯configure terminal

ZHZYXY(config)♯line console 0

ZHZYXY(config-line)♯login local（设置本地身份认证登录方式，需要用户名和密码才能登录用户模式）

ZHZYXY(config-line)♯exit

ZHZYXY(config)♯username dengping password linny（设置用户名和密码）

ZHZYXY(config)♯exit

ZHZYXY♯exit

此时登录则需要输入用户名 dengping 和密码 linny 才能进入用户模式，如果要取消安全认证，则执行以下命令。

ZHZYXY(config)♯no username dengping（删除用户名和密码）

ZHZYXY(config-line)♯no login local（取消安全认证，只执行此行也可取消安全认证，但用户信息仍存在）

（3）设置特权模式（Console 端口）登录密码。

ZHZYXY(config)♯enable password dengping（设置使能口令）

ZHZYXY(config)♯enable password linny（设置使能密码）

ZHZYXY(config)♯exit

ZHZYXY♯exit

此时从用户模式登录特权模式需要输入密码 linny。网络设备有 enable password 和 enable secret 两种配置密码的方式,前者的密码是以明文方式显示的,而后者的密码是加密的。一般情况下只须配置一个就可以,当两者同时配置时,后者生效。如果要取消密码,则使用如下命令。

ZHZYXY(config)♯no enable secret (删除使能密码)

ZHZYXY(config)♯no enable password (删除使能口令)

(4) 设置远程访问(非 Console 端口)安全认证。

ZHZYXY (config)♯ interface fastEthernet 0/0(进入路由器 f0/0 端口,可简写为 interface f0/0)

ZHZYXY (config-if)♯ip address 192.168.1.1 255.255.255.0 (配置路由器 f0/0 端口 ip 和子网掩码)

ZHZYXY (config-if)♯no shutdown (激活端口)

ZHZYXY (config-if)♯exit (退回全局配置模式)

ZHZYXY (config)♯line vty 0 4 (进入设置界面,vty 表示虚拟终端端口,共有 5 个,用 vty 0 4 表示)

ZHZYXY (config-line)♯password dengping (设置密码 dengping)

ZHZYXY (config-line)♯login (设置需要密码登录)

ZHZYXY (config-line)♯exit (退出到全局配置模式)

ZHZYXY (config)♯enable password linny (设置使能口令,使进入特权模式时需要密码 linny)

ZHZYXY (config)♯exit

此时从计算机通过远程方式如"telnet 192.168.1.1"方式登录路由器,则首先需要输入 dengping 才能进入用户模式,然后输入 linny 使能口令才能进入特权模式。使用用户名和密码方式才能登录用户模式的设置方法类似 Console 端口的设置方式,这里不再赘述。

5. 实训要求

本次实训后小结,需要写清楚实训操作过程中出现的问题,以及解决办法。

思考习题

1. 二层交换机与三层交换机有何区别?

2. 为什么要为网络中的交换机配置 VLAN1 的 IP 地址?

3. 为什么 Cisco 路由器端口配置完成后要用 no shutdown 手动启用?

4. 交换机与路由器在功能上有何异同?

5. 不同厂商的交换机和路由器的配置命令都一样吗?

第9章 交换机技术及应用

工作情境描述

某大型企业由于业务的扩展,急需改扩建设企业网络。本章以 CISCO 交换机为例,学习企业级交换机的相关配置技术及在网络中的应用。

9.1 交换机端口配置

在默认配置下,交换机的所有端口处于可用状态并且都属于 VLAN1,可以正常工作。但是为了更好地管理交换机,需要根据应用需要对其进行相应的功能配置。

对交换机的第一次设置必须通过 Console 口连接,这种方法也是最常用、最直接有效的一种配置方法。Console 口是路由器和交换机设备的基本端口,是管理员对一台新的交换机进行配置时必须使用的端口。连接 Console 口的线称为控制台电缆(Console Cable)。在具体的连接上,Console 电缆一端接入网络设备的 Console 口,另一端接入终端或者 PC 的串行端口,从而实现对设备的访问和控制。

9.1.1 二层端口的配置

交换机端口默认都是二层端口,在支持三层交换的交换机上(如 CISCO Catalyst 3550,4500 和 6500),可以将某个端口配置成路由端口(在该端口配置状态下输入 no switchport 命令)。如果一个端口已经配置为路由端口,可以在该端口配置状态下输入 switchport 命令使其恢复为交换端口。

1. 配置端口速率及双工模式

一般情况下,交换机之间互连端口的速率及双工模式可以通过自动协商来匹配。如果是异种设备之间的互连,有时需要采用直接设置。交换机二层端口配置的相关命令如表 9-1 所示。

表 9-1 二层端口配置的相关命令

命　　令	说　　明
configure terminal	进入全局配置模式
interface interface-id	进入端口配置状态
speed {10|100|1000|autonegotiate}	设置端口速率{10Mb/s|100Mb/s|1000Mb/s|自适应}

续表

命　令	说　明
duplex {auto|full|half}	设置通信模式{自动|全双工|半双工}
show interfaces {type slot/number}	显示端口配置情况
end	退回特权模式
copy running-config startup-config	保存配置
write	保存配置

例如,速率为 10/100Mb/s 的自适应端口 f0/3,将其设备为 100Mb/s 及全双工模式的配置命令为

```
ZHZYXY(config)#interface f0/3          (在全局配置模式下进入端口 f0/3 配置状态)
ZHZYXY(config-if)#speed 100            (设置端口速率为 100Mb/s)
ZHZYXY(config-if)#duplex full          (设置为全双工)
ZHZYXY(config-if)#end                  (退回到特权模式)
ZHZYXY#copy running-config startup-config(保存配置,也可以使用 write)
ZHZYXY#show interfaces f0/3            (查看端口 f0/3 的配置结果)
```

2. 设置端口描述

在进行网络规划时,为了便于网络管理,可以对交换机的端口用途进行适当的描述。相关命令如表 9-2 所示。

表 9-2　配置二层端口描述

命　令	说　明
interface interface-id	进入端口配置状态
description string	加入描述(最多 240 个字符)
show interfaces type slot/number description	验证配置

设置端口 f0/1 的描述为 The Port of Bit's Server,命令如下:

```
ZHZYXY(config)#interface f0/1       (进入快速以太网端口 f0/1)
ZHZYXY(config-if)#description The Port of Bit's Server
                                    (设置描述为 The Port of Bit's Server)
ZHZYXY(config-if)#end               (退回到特权模式)
ZHZYXY#show interfaces f0/1
                    (查看快速以太网端口 f0/1 状态信息,不需要 description 也行)
```

显示信息的前几行如下:

```
FastEthernet0/1 is down, line protocol is down (disabled)
Hardware is Lance, address is 0060.2fa5.ed01 (bia 0060.2fa5.ed01)
Description: The Port of Bit's Server
```

BW 100000 Kbit, DLY 1000 usec,

reliability 255/255, txload 1/255, rxload 1/255

Encapsulation ARPA, loopback not set

Keepalive set (10 sec)

Half-duplex, 100Mb/s

3. 配置一组端口

配置端口参数时,经常会对一组端口作相同的配置,如激活一组端口。在一些情况下,批量配置效率会显得更高。相关命令如表 9-3 所示。

表 9-3 配置一组端口

命　　令	说　　明
interface range port-range	进入组端口配置状态
show interfaces [type slot/number]	验证配置

配置举例:

ZHZYXY(config)#interface range f0/1-5　　　　(同时设置 f0/1 到 f0/5 这 5 个端口的参数)

ZHZYXY(config-if-range)#no shutdown　　　　(激活这组端口)

ZHZYXY(config-if-range)#end　　　　(退回到特权模式)

ZHZYXY#copy running-config startup-config(保存配置,写 write 也可以)

9.1.2　三层端口的配置

在交换机上所说的三层端口,指的是 VLAN 的虚拟端口(SVI)或使用了 no switchport 命令后的普通物理端口。三层端口配置的常用命令如表 9-4 所示。

表 9-4 配置三层端口

命　　令	说　　明
interface {type slot/number|VLAN VLAN-id}	进入端口配置状态
no switchport	把物理端口变成三层端口
ip address ip_address subnet_mask	配置 IP 地址和掩码
ip default-gateway gw	配置默认网关
ip domain-name dname	配置域名
ip name-server nameserver	配置 DNS 服务器
no shutdown	激活端口
show interfaces [interface-id] show ip interfaces [interface-id] show running-config interfaces [interface-id]	验证配置, interface-id 可以指 type slot/number,也可以指 VLAN VLAN-id

三层交换机配置举例：

ZHZYXY>enable

ZHZYXY#configure terminal

ZHZYXY(config)#interface fastethernet 0/1

ZHZYXY(config-if)#no switchport   （设置为三层端口）

ZHZYXY(config-if)#ip address 192.168.1.1 255.255.255.0   （设置端口 IP 地址）

ZHZYXY(config-if)#no shutdown

ZHZYXY(config-if)#end

ZHZYXY#show interfaces fastethernet 0/1   （查看端口配置信息）

显示信息的前几行如下：

FastEthernet0/1 is up, line protocol is up (connected)

Hardware is Lance, address is 0001.630b.aa01 (bia 0001.630b.aa01)

MTU 1500 bytes, BW 100000 Kbit, DLY 1000 usec,

reliability 255/255, txload 1/255, rxload 1/255

Encapsulation ARPA, loopback not set

9.1.3 监控及维护端口

1. 监控端口和控制器的状态

交换机可以用 show 命令监控端口和控制器的状态。常用的命令参数如表 9-5 所示。

表 9-5 监控端口和控制器的状态

命 令	说 明
show interfaces [interface-id]	显示所有端口或某一端口的状态和配置
show interfaces interface-id status [err-disable]	显示端口的状态或错误-关闭状态
show interfaces [interface-id] switchport	显示二层端口的状态，可以用来决定此端口是否为二层或三层端口
show interfaces [interface-id] description	显示端口描述
show ip interfaces [interface-id]	显示所有或某一端口的 IP 可用性状态
show running-config interfaces [interface-id]	显示当前配置中的端口配置情况
show version	显示软硬件等情况

操作举例：

ZHZYXY#show interfaces f0/1 switchport   （显示二层端口的状态）

Name: Fa0/1   （端口名称 ）

Switchport: Enabled   （Enabled 表示该端口为二层端口）

Administrative Mode: dynamic auto

   ⋮

2. 端口计数器

端口计数器用来检查端口收发数据包的状态。端口计数器以累加的计数方式计数，长时间运行后，计数值可能会很大，为了便于观察，需要及时清 0。常用的端口计数器命令如表 9-6 所示。

表 9-6　刷新和显示端口计数器命令

命　　令	说　　明
clear counters [interface-id]	清除端口计数器
show interfaces [interface-id] counters	显示端口计数器

3. 关闭和打开端口

交换机关闭和打开端口的命令如表 9-7 所示。

表 9-7　关闭和打开端口命令

命　　令	说　　明
shutdown	关闭端口
no shutdown	打开端口

9.1.4　维护 MAC 地址表

交换机可通过端口收到的数据包来建立源 MAC 地址与接收端口号的对应关系，由若干个这种对应关系（MAC 地址表项）构成 MAC 地址表，见图 9-1。

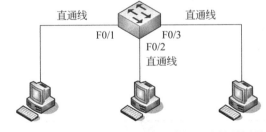

图 9-1　网络拓扑图

图 9-1 对应的交换机中 MAC 地址表信息为

```
Switch# show mac-address-table
Vlan      Mac Address       Type         Ports
----      -----------       --------     -----
```

```
1          0001.64ed.e93c      DYNAMIC        Fa0/3
1          0001.c99d.1c68      DYNAMIC        Fa0/2
1          00d0.97ca.0a46      DYNAMIC        Fa0/1
```

其中,"1 0001.64ed.e93c DYNAMIC Fa0/3"表示 mac 地址为"0001.64ed.e93c"的计算机接到交换机的 Fa0/3 端口上,属于 VLAN1,DYNAMIC 表示此条信息是交换机自动学习生成的数据。

交换机上连接有主机,则每个连接端口上会产生动态 MAC 地址表项。接收到的数据包越多,MAC 地址表可能会越大。由于交换机的内存有限,为了解决这个问题,交换机内置了超时机制,凡是在一定时间内没被刷新的 MAC 地址,都会被删除掉。交换机通过学习获得的动态 MAC 地址的超时时间默认为 300s,其长短可以通过命令来配置。交换机除了可以采用学习的方法获得动态 MAC 地址外,也可以配置静态 MAC 地址和指定的目的端口号,使这个 MAC 地址表项在 MAC 地址表中永不超时。维护 MAC 地址命令如表 9-8 所示。

表 9-8　维护 MAC 地址

命 令	说 明
mac-address-table static mac-address VLAN VLAN-id interfaces interface-id	加入静态 MAC 地址
mac-address-table static mac-address VLAN VLAN-id drop	过滤 MAC 地址
clear mac-address-table dynamic	清除动态 MAC 地址
mac-address-table aging -time time	配置超过时间
show mac-address-table	查看整个 MAC 地址表

配置举例:

```
ZHZYXY(config)#mac-address-table static 0009.6B06.4B9A vlan 1 interface
    fastEthernet 0/1
ZHZYXY(config)#exit
ZHZYXY#show mac-address-table
```

显示结果为

```
            Mac Address Table
-------------------------------------------------

Vlan    Mac Address      Type        Ports
----    -----------      --------    -----
1       0009.6b06.4b9a   STATIC      Fa0/1
```

不论是动态还是静态 MAC 地址表项,都可以用命令清除。删除不要的配置时,一般是用 no 命令开头,后面接着一条待删配置命令。

配置举例:

```
ZHZYXY(config)#clear mac-address-table dynamic          (清除静态 MAC 地址表项)
```

```
ZHZYXY(config)#no mac-address-table static 0009.6B06.4B9A vlan 1 interface
fastEthernet 0/1                                        (清除静态 MAC 地址表项)
```

9.1.5 给交换机配置 IP 地址和默认网关

交换机在默认情况下自带 1 号 VLAN,即 VLAN1,它是交换机上的管理 VLAN,给交换机配置默认网关和 VLAN1 的 IP 地址以方便网络维护人员进行远程维护。网络拓扑图如图 9-2 所示。

图 9-2　给交换机配置 IP 地址和默认网关

路由器的配置如下:

```
Router>enable                                           (进入特权模式)
Router#configure terminal                               (进入全局配置模式)
Router(config)#interface f0/1                            (进入端口 f0/1 配置模式)
Router(config-if)#ip address 192.168.1.1 255.255.255.0  (配置 IP 参数)
Router(config-if)#no shutdown                            (激活端口 f0/1)
Router(config-if)#interface f0/0                         (进入端口 f0/0 配置模式)
Router(config-if)#ip address 192.168.2.1 255.255.255.0  (配置 IP 参数)
Router(config-if)#no shutdown                            (激活端口 f0/0)
```

交换机的配置如下:

```
Switch>enable                                           (进入特权模式)
Switch#configure terminal                               (进入全局配置模式)
Switch(config)#interface VLAN1                           (进入 VLAN1)
Switch(config-if)#ip address 192.168.2.2 255.255.255.0  (配置 VLAN1 的 IP 参数)
Switch(config-if)#no shutdown                            (激活端口)
Switch(config-if)#exit                                   (退出局部端口配置模式,进入全局配置模式)
Switch(config)#ip default-gateway 192.168.2.1           (给交换机配置默认网关)
Switch(config)#end                                       (退回特权模式)
Switch#configure terminal
Switch(config)#line vty 0 4                              (进入 0~4 号虚拟终端端口)
Switch(config-line)#password dengping                    (配置进入用户模式时的密码)
Switch(config-line)#login                                (设置安全认证模式,只需要密码)
```

在给交换机配置了默认网关及配置 VLAN1 的 IP 参数后,在 PC 上可执行命令"ping 192.168.2.2"测试其与交换机之间的网络连通性,也可使用"telnet 192.168.2.2"命令远程登录交换机并对交换机进行管理。

9.2　VLAN 的应用配置

VLAN 是在交换机上划分广播域的一种技术。它允许一组不限物理地域的用户群共享一个独立的广播域,减少由于共享介质所形成的安全隐患。在一个网络中,即使是不同的交换机,只要属于相同 VLAN 的端口,它们会应用交换机地址学习等机制相互转发数据包,工作起来就好像是在一个独立的交换机上。但在同一台交换机上属于不同 VLAN 的端口,它们之间不能直接通信,必须借助路由器实现通信。

如某公司办公楼有 3 层,在每层楼都设有工程部、市场部和财务部的办公室,出于独立地管理各部门网络和安全方面的考虑,此公司划分 VLAN 网络拓扑图如图 9-1 所示。在图中,每个交换机的端口都被同一层楼的三个部门的计算机所分享,虽然共用了一个交换机,但是每层楼的各部门之间的计算机在局域网内却是完全被隔离开来,不会相互影响,从整个公司来看,3 个 VLAN 之间也互不干涉。需要 VLAN 配置实现:

(1) 同一个交换机需要划分多个 VLAN。

(2) 同一个 VLAN 要跨越多个交换机。

(3) 配置路由器实现不同 VLAN 之间相互通信。

9.2.1　VLAN 的划分方式

1. 基于端口的 VLAN 划分

把一个或多个交换机上的几个端口划分一个逻辑组,这是最简单、最有效的划分方法。该方法只须网络管理员对网络设备的交换端口进行重新分配即可,不用考虑该端口所连接的设备。

2. 基于 MAC 地址的 VLAN 划分

MAC 地址其实就是指网卡的标识符,每一块网卡的 MAC 地址都是唯一且固化在网卡上的。MAC 地址由 12 位十六进制数表示,前 8 位为厂商标识,后 4 位为网卡标识。网络管理员可按 MAC 地址把一些站点划分为一个逻辑子网。

3. 基于路由的 VLAN 划分

路由协议工作在网络层,相应的工作设备有路由器和路由交换机(即三层交换机)。该方式允许一个 VLAN 跨越多个交换机,或一个端口位于多个 VLAN 中。

就目前来说,对于 VLAN 的划分主要采取上述第 1 种和第 3 种方式,第 2 种方式为辅助性的方案。使用 VLAN 具有以下优点:

(1) 控制广播风暴

一个 VLAN 就是一个逻辑广播域,通过对 VLAN 的创建,隔离了广播,缩小了广播范围,可以控制广播风暴的产生。

（2）提高网络整体安全性

通过路由访问列表和 MAC 地址分配等 VLAN 划分原则，可以控制用户访问权限和逻辑网段大小，将不同用户群划分在不同 VLAN，从而提高交换式网络的整体性能和安全性。

（3）网络管理简单、直观

对于交换式以太网，如果对某些用户重新进行网段分配，需要网络管理员对网络系统的物理结构重新进行调整，甚至需要追加网络设备，增大网络管理的工作量。而对于采用 VLAN 技术的网络来说，一个 VLAN 可以根据部门职能、对象组或者应用将不同地理位置的网络用户划分为一个逻辑网段。在不改动网络物理连接的情况下可以任意地将工作站在工作组或子网之间移动。利用虚拟网络技术，大大减轻了网络管理和维护工作的负担，降低了网络维护费用。在一个交换网络中，VLAN 提供了网段和机构的弹性组合机制。

9.2.2 静态 VLAN 的配置

静态 VLAN 是最常用的一种划分 VLAN 的方法，各厂商的 VLAN 交换机都支持 IEEE 802.1q 静态 VLAN 划分标准。交换机默认只有一个 VLAN，即 VLAN1，所有的端口都属于这个 VLAN，因此 VLAN1 无须再创建。VLAN 常用的配置命令如表 9-9 所示。

表 9-9　常用的 VLAN 配置命令

命　　令	说　　明
vlan database	进入 VLAN 配置模式
vlan VLAN_# [name VLAN_name]	创建 VLAN（并命令）
vlan VLAN_#	创建 VLAN
name VLAN_name	给 VLAN 命名
set vlan VLAN_# name VLAN_name	给 VLAN 命名
switchport mode access	将端口设置为静态 VLAN 模式，即接入链路模式
switchport access vlan VLAN_#	将端口分配给 VLAN
set vlan VLAN_# slot_#/port_m-port_n	为 VLAN 批量分配端口
show interfaces interface-id switcport	显示某个端口的 vlan 配置
show interfaces interface-id trunk	显示某个端口的 trunk 配置

9.2.3 VLAN Trunk 的配置

为了让 VLAN 能跨越多个交换机，必须用 Trunk（主干）链路将交换机连接起来。也就是说,要把用于两台交换机相互连接的端口设置成 VLAN Trunk 端口。CISCO 交换机之间的链路是否建立 Trunk 是可以自动协商的,这个协议称为 DTP(Dynamic Trunk Protoc 01),DTP 还可以协商 Trunk 链路的封装类型。在默认情况下,CISCO 交换机之间的链路是 Trunk 链路,封装类型是 ISL,允许所有 VLAN 通过。VLAN Trunk 常用的配置命令如表 9-10 所示。

表 9-10 常用的 VLAN Trunk 配置命令

命　令	说　明
switchport trunk encapsulation {negotiate|is1|dot1q}[1]	设置 Trunk 封装类型
switchport mode {trunk|dynamic desirable|dynamic auto}	设置 Trunk 模式
switchport nonegotiate	设置 Trunk 链路不发送协商包
no switchport nonegotiate	默认 Trunk 链路是发送协商包
switchport trunk allowed VLAN all	允许所有 VLAN 通过 Trunk
switchport trunk allowed VLAN add VLAN-list	允许某些 VLAN 通过 Trunk
switchport trunk allowed VLAN remove VLAN-list	删除某些 VLAN 通过 Trunk
switchport trunk native VLAN VLAN-id[3]	指定 802.1q 本地 VLAN 号

注:[1]交换机使用 switchport trunk encapsulation 命令配置 Trunk 的封装类型,可以双方协商确定,也可以指定是 isl 或 dot1q,但要求 Trunk 链路两端端口的封装类型一致。

9.2.4 VTP 的配置

如果更改 VLAN,所有的相关交换机也要做变更,这样工作就太大了。采用 VTP(VLAN Trunking Protocol)协议可以简化配置工作。VTP 有三种工作模式:服务器模式、客户端模式和透明(transparent)模式,默认是服务器模式。

服务器模式的交换机可以设置 VLAN 配置参数,服务器会将配置参数发给其他交换机。客户端模式的交换机不能设置 VLAN 配置参数,只能接受服务器模式的交换机发送的 VLAN 配置参数。透明模式的交换机是相对独立的,它允许设置 VLAN 配置参数,但不向其他交换机发送自己的配置参数。当透明模式的交换机收到服务器模式的交换机发送的 VLAN 配置参数时,仅仅是简单地转发给其他交换机,并不用来设置自己的 VLAN 参数。当交换机处于 VTP 服务器模式时,如果删除一个 VLAN,则该 VLAN 将在所有相同 VTP 的交换机上被删除。当在透明模式下删除时,只在当前交换机上被删除。VTP 常用的配置命令如表 9-11 所示。

VTP 修剪提供了一种方式提高带宽的使用率,通过 VTP 修剪可以减少广播、组播、单播包的数量。VTP 修剪只将广播发送到真正需要这些信息的中继链路上。

表 9-11　常用的 VTP 配置命令

命　　令	说　　明
vtp domain VTP_domain_name	设置 VTP 的域名
vtp password VTP_password	设置 VTP 密码
vtp {server|client|transparent}	设置 VTP 工作模式
vtp pruning	启用/禁用修剪（默认启用）
snmp-server enable traps vtp	启用 SNMP 陷阱（默认启用）
show vtp status	显示 VTP 配置

9.2.5　STP 端口权值实现负载均衡

STP(Spanning-tree Protocol)用于解决局域网的环路问题，它通过在交换机之间冗余连接的同时，避免网络环路的出现，实现网络的高可靠性。它通过在交换机之间传递 BPDU(Bridge Protocol Data Unit，桥接协议数据单元)来相互告知诸如交换机的桥 ID、链路性质和根桥 ID 等信息，以确定根桥，决定哪些端口处于转发状态，哪些端口处于阻断状态，以免引起网络环路。

当交换机之间有多个 VLAN 时 Trunk 线路负载会过重，这时需要设置多个 Trunk端口，但这样会形成网络环路。而 STP 协议便可以解决这个问题。STP 常用的配置命令如表 9-12 所示。

表 9-12　常用的 STP 配置命令

命　　令	说　　明
spanning-tree mode {pvst|rapid-pvst}	配置 STP 模式
[no] spanning-tree vlan VLAN_id	启用/禁用 STP（默认启用）
spanning-tree vlan VLAN_id port-priority priority_value	配置生成树的 VLAN 端口权值
spanning-tree vlan VLAN_id cost cost_value	配置生成树的 VLAN 路径值
show spanning-tree	显示生成树的配置情况
spanning-tree portfast	配置端口为快速端口
spanning-tree uplinkfast	配置交换机的快速上联特性
spanning-tree backbonefast	配置交换机的快速主干特性

当同一台交换机的两个口形成环路时，STP 端口权值用来决定哪个口是交换状态的，哪个口是阻断状态的。可以通过配置端口权值来决定两对 Trunk 各走哪些 VLAN，有较高权值的端口（数字较小的默认的权值数值为 128）VLAN 将处于转发状态，同一个 VLAN 在另一个 Trunk 有较低的权值（数字较大）则将处于阻断状态，即统一 VLAN 只在一个 Trunk 上发送接收。

实训任务 12　交换机 VLAN 配置及应用

1．实训目的

(1) 掌握交换机虚接口的配置方法。

(2) 配置利用交换机虚接口实现不同 VLAN 的通信。

2．实训器材

(1) 思科某型号的交换机一台。

(2) 直通网线和配置线。

(3) PC 若干台。

(4) 或者使用 Cisco Packet Tracer 模拟器。

3．实训说明

(1) PC1-PC4 共享同一个交换机，PC1 和 PC2 属于 VLAN2，PC3 和 PC4 属于 VLAN3，4 个 PC 采用直连线依次连接到交换机 f0/1，f0/2，f0/3 和 f0/4 端口，交换机和计算机之间使用直连线相连接。

(2) 网络拓扑图如图 9-3 所示。

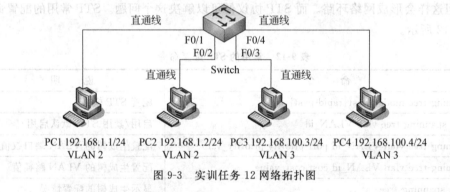

直通线　　　　　直通线

F0/1　　F0/4
F0/2　　F0/3

Switch

直通线　　　　　直通线

PC1 192.168.1.1/24　PC2 192.168.1.2/24　PC3 192.168.100.3/24　PC4 192.168.100.4/24
VLAN 2　　　　　VLAN 2　　　　　VLAN 3　　　　　VLAN 3

图 9-3　实训任务 12 网络拓扑图

4．实训内容和步骤

(1) 创建 VLAN。

```
ZHZYXY> enable
ZHZYXY#VLAN database              (进入 VLAN 配置模式)
ZHZYXY(VLAN)#VLAN 2 name NetA     (创建 VLAN2 并改名为 NetA)
VLAN 2 added:
    Name: NetA                    (显示 VLAN 名称)
ZHZYXY(VLAN)#VLAN 3 name NetB     (创建 VLAN3 并改名为 NetB)
VLAN 3 added:
    Name: NetB                    (显示 VLAN 名称)
```

ZHZYXY(vlan)#exit   (退出 VLAN 配置模式)
ZHZYXY#write   (保存 VLAN 创建信息)

(2) 将端口指派给 VLAN。

ZHZYXY(config)#interface f0/1   (进入端口 f0/1 配置模式)
ZHZYXY(config-if)#switchport mode access
                                                   (将端口 f0/1 设置为静态 VLAN 模式,即接入链路模式)
ZHZYXY(config-if)#switchport access VLAN 2   (将端口 f0/1 分配给 VLAN2)
ZHZYXY(config-if)#exit   (退出端口配置模式)
ZHZYXY(config)#interface f0/2   (进入端口 f0/2 配置模式)
ZHZYXY(config-if)#switchport mode access   (将端口 f0/2 设置为静态 VLAN 模式)
ZHZYXY(config-if)#switchport access VLAN 2   (将端口 f0/2 分配给 VLAN2)
ZHZYXY(config-if)#exit   (退出端口配置模式)
ZHZYXY(config)#interface f0/3   (进入端口 f0/3 配置模式)
ZHZYXY(config-if)#switchport mode access   (将端口 f0/3 设置为静态 VLAN 模式)
ZHZYXY(config-if)#switchport access VLAN 3   (将端口 f0/3 分配给 VLAN3)
ZHZYXY(config-if)#exit   (退出端口配置模式)
ZHZYXY(config)#interface f0/4   (进入端口 f0/4 配置模式)
ZHZYXY(config-if)#switchport mode access   (将端口 f0/4 设置为静态 VLAN 模式)
ZHZYXY(config-if)#switchport access VLAN 3   (将端口 f0/4 分配给 VLAN3)
ZHZYXY(config)#end   (返回到特权模式)
ZHZYXY#show VLAN   (查看交换机 VLAN 信息)

显示结果如下:

```
VLAN    Name      Status       Ports
----    -------   --------     ----------------------
1       default   active       Fa0/5, Fa0/6, Fa0/7, Fa0/8
                               Fa0/9, Fa0/10, Fa0/11, Fa0/12
                               Fa0/13, Fa0/14, Fa0/15, Fa0/16
                               Fa0/17, Fa0/18, Fa0/19, Fa0/20
                               Fa0/21, Fa0/22, Fa0/23, Fa0/24
                               Gig1/1, Gig1/2
2       NetA      active       Fa0/1, Fa0/2
3       NetB      active       Fa0/3, Fa0/4
⋮
```

(3) 将端口从某个 VLAN 中删除。

ZHZYXY(config)#interface fastEthernet 0/1   (进入 f0/1 端口模式)
ZHZYXY(config-if)#switchport access VLAN 1
                                                   (将端口 f0/1 划归 VLAN1,即从 VLAN2 NetA 中删除)

(4) 删除 VLAN。

ZHZYXY(config)#no vlan 2   (删除 VLAN2)

5. 实训要求

本次实训后小结,需要写清楚实训操作过程中出现的问题,以及解决办法。

实训任务 13   交换机 VLAN Trunk 应用配置

1. 实训目的

(1) 掌握 VLAN 的配置方法。

(2) 掌握 VLAN 间 Trunk 的配置。

2. 实训器材

(1) 思科某型号的交换机两台。

(2) 直通网线和配置线。

(3) PC 若干台。

(4) 或者使用 Cisco Packet Tracer 模拟器。

3. 实训说明

(1) 实现 VLAN2 和 VLAN3 跨越两个交换机 SwitchA 和 SwitchB,两个交换机之间采用直连线连接 g1/1 端口,两个交换机的 g1/1 端口都需要配置成 Trunk 端口,两个 Trunk 配置成允许所有的 VLAN 通过。

(2) 网络拓扑图如图 9-4 所示。

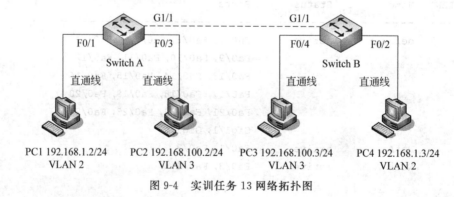

图 9-4   实训任务 13 网络拓扑图

4. 实训内容和步骤

(1) 在 SwitchA 和 SwitchB 上分别创建 VLAN2 和 VLAN3,并把端口划归相应的 VLAN。

```
SwitchA> enable
SwitchA#VLAN database
SwitchA(VLAN)#VLAN 2 name NetA
```

```
VLAN 2 added:
    Name: NetA
SwitchA(VLAN)#VLAN 3 name NetB
VLAN 3 added:
    Name: NetB
SwitchA(VLAN)#exit
SwitchA#configure terminal
SwitchA(config)#interface fastethernet 0/1
SwitchA(config-if)#switchport mode access
SwitchA(config-if)#switchport access VLAN 2
SwitchA(config-if)#exit
SwitchA(config)#interface fastethernet 0/3
SwitchA(config-if)#switchport mode access
SwitchA(config-if)#switchport access VLAN 3
SwitchA(config-if)#end
```

以上是对 SwitchA 进行配置,下面对 SwitchB 进行配置。

```
SwitchB> enable
SwitchB#VLAN database
SwitchB(VLAN)#VLAN 2 name NetA
VLAN 2 added:
    Name: NetA
SwitchB(VLAN)#VLAN 3 name NetB
VLAN 3 added:
    Name: NetB
SwitchB(VLAN)#exit
SwitchB#configure terminal
SwitchB(config)#interface f0/4
SwitchB(config-if)#switchport mode access
SwitchB(config-if)#switchport access VLAN 3
SwitchB(config-if)#exit
SwitchB(config)#interface f0/2
SwitchB(config-if)#switchport mode access
SwitchB(config-if)#switchport access VLAN 2
SwitchB(config-if)#end
```

(2) 分别把两个交换机的 g1/1 端口配置成 Trunk 端口,并允许所有 VLAN 通过。

```
SwitchA(config)#interface g1/1                    (进入端口 g1/1 配置模式)
SwitchA(config-if)#switchport trunk encapsulation dot1q
                                    (使用 IEEE 802.1q 协议封装 Trunk)
SwitchA(config-if)#switchport mode trunk          (将端口设置成 Trunk)
SwitchA(config-if)#switchport trunk allowed VLAN all (允许所有 VLAN 通过此 Trunk)
```

注意,在 CISCO 的 2950 和 2960 交换机上的 Trunk 封装协议只支持 dot1q,不支持 is1。

```
SwitchB> enable
SwitchB#configure terminal
SwitchB(config)#interface g1/1
SwitchB(config-if)#switch mode trunk
SwitchB(config-if)#switchport trunk allowed VLAN all
SwitchB(config-if)#exit
```

通过以上配置,从 PC1 上输入 ping 192.168.1.3 已经可以 ping 通 PC2 了,PC3 和 PC4 也通了,但是两个交换机之间并不通,这成功实现了对 VLAN1 和 VLAN2 的隔离,同时也实现了不同交换机之间同一 VLAN 内的计算机相互通信。使用以下命令可以查看交换机上的 Trunk 配置信息。

```
SwitchA#show interfaces trunk        (查看交换机 SwitchA 上的 Trunk 配置信息)
Port     Mode       Encapsulation     Status        Native VLAN
Gig1/1   on         802.1q            trunking      1
Port     VLANS allowed on trunk
Gig1/1   1-1005
Port     VLANS allowed and active in management domain
Gig1/1   1,2,3
Port     VLANS in spanning tree forwarding state and not pruned
Gig1/1   1,2,3
```

如果在某一交换机(如 SwitchA)上,只允许 VLAN2 通过,而 VLAN3 不能通过,则设置如下:

```
SwitchA(config)#interface g1/1
SwitchA(config-if)#switchport trunk allowed VLAN remove 3
```
                                    (在原有基础上禁止 VLAN3 通行)

或

```
SwitchA(config-if)#switchport trunk allowed VLAN none
```
                                    (禁止所有 VLAN 通过 Trunk)
```
SwitchA(config-if)#switchport trunk allowed VLAN add 2    (允许 VLAN2 通过 Trunk)
```

如果要同时添加几个 VLAN 通过 Trunk,则在 VLAN 编号之间用逗号隔开,如:

```
SwitchA(config-if)#switchport trunk allowed VLAN add 2,3
```
                                    (允许 VLAN2 ,VLAN3 通过 Trunk)

5. 实训要求

本次实训后小结,需要写清楚实训操作过程中出现的问题以及解决办法。

实训任务 14 交换机 VTP 的应用

1. 实训目的

(1) 掌握 VLAN 的配置方法。

(2) 掌握 VLAN 间路由配置方法以及子接口的配置。

(3) 掌握 VTP 配置方法。

2. 实训器材

(1) 思科某型号的交换机两台。

(2) 直通网线和配置线。

(3) PC 若干台。

(4) 或者使用 Cisco Packet Tracer 模拟器。

3. 实训说明

(1) 把 SwitchA 配置成 VTP Server,SwitchB 配置成 VTP Client,让 SwitchB 交换机从 SwitchA 交换机上学习相应的 VLAN 配置信息。

(2) 网络拓扑图如图 9-5 所示。

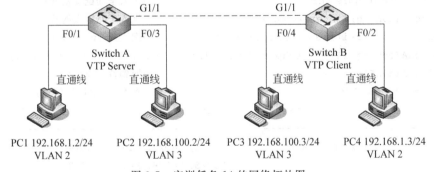

图 9-5 实训任务 14 的网络拓扑图

4. 实训内容和步骤

(1) 把交换机 SwitchA 配置成 VTP Server。

```
SwitchA#VLAN database          (进入 VLAN 配置模式)
SwitchA(VLAN)#vtp domain ZHZYXY.com   (设置 VTP 的域名)
SwitchA(VLAN)#vtp password dengping    (设置 VTP 的密码)
SwitchA(VLAN)#vtp server        (设置 VTP 的服务器模式)
SwitchA(VLAN)#exit             (退出 VLAN 配置模式)
SwitchA#show vtp status         (显示 VTP 模式)
VTP Version              : 2
```

```
Configuration Revision               : 0
Maximum VLANs supported locally      : 255
Number of existing VLANs             : 5
VTP Operating Mode                   : Server
VTP Domain Name                      : ZHZYXY.com
VTP Pruning Mode                     : Disabled
VTP V2 Mode                          : Disabled
VTP Traps Generation                 : Disabled
MD5 digest                           : 0x7A 0x45 0xC5 0xF3 0x93 0x23 0x20 0x60
Configuration last modified by 0.0.0.0 at 0-0-00 00:00:00
Local updater ID is 0.0.0.0 (no valid interface found)
```

（2）在交换机 SwitchA 上创建 VLAN2 和 VLAN3，且设置 VLAN Trunk。

```
SwitchA#VLAN database                          (进入 VLAN 配置模式)
SwitchA(VLAN)#VLAN 2 name NetA                 (创建 VLAN2 并命名为 NetA)
VLAN 2 added:
    Name: NetA
SwitchA(VLAN)#VLAN 3 name NetB                 (创建 VLAN3 并命名为 NetB)
VLAN 3 added:
    Name: NetB
SwitchA(VLAN)#exit                             (退出 VLAN 配置模式)
SwitchA#configure terminal                     (进入全局配置模式)
SwitchA(config)#interface g1/1                 (进入千兆以太网端口 g1/1)
SwitchA(config-if)#switchport mode trunk       (配置成 Trunk 模式)
SwitchA(config-if)#switchport trunk allowed VLAN all    (让所有 VLAN 通过)
SwitchA(config-if)#end                         (回到特权模式)
SwitchA#show VLAN                              (查看 VLAN 配置信息)
VLAN    Name       Status    Ports
-----   ----       ------    --------------------------
1       default    active    Fa0/1, Fa0/2, Fa0/3, Fa0/4
                             Fa0/5, Fa0/6, Fa0/7, Fa0/8
                             Fa0/9, Fa0/10, Fa0/11, Fa0/12
                             Fa0/13, Fa0/14, Fa0/15, Fa0/16
                             Fa0/17, Fa0/18, Fa0/19, Fa0/20
                             Fa0/21, Fa0/22, Fa0/23, Fa0/24
                             Gig1/2
2       NetA       active
3       NetB       active
    ⋮
```

（3）在交换机 SwitchB 上配置设置 VLAN Trunk 和 VTP 客户端，让其学习 VTP Server 端的 VLAN 信息。

```
SwitchB> enable                                (进入特权模式)
```

```
SwitchB#VLAN database            (进入 VLAN 配置模式)
SwitchB(VLAN)#vtp domain ZHZYXY.com   (设置 VTP 的域名,一定要和 VTP Server 的一样)
SwitchB(VLAN)#vtp password dengping   (设置 VTP 的密码,一定要和 VTP Server 的一样)
SwitchB(VLAN)#vtp client          (设置成 VTP 客户端)
SwitchB(VLAN)#exit               (退出 VLAN 配置模式)
SwitchB#configure terminal       (进入全局配置模式)
SwitchB(config)#interface g1/1   (进入千兆以太网端口 g1/1)
SwitchB(config-if)#switchport mode trunk        (配置成 Trunk 模式)
SwitchB(config-if)#switchport trunk allowed VLAN all   (让所有 VLAN 通过)
SwitchB(config-if)#end                        (回到特权模式)
SwitchB#show VLAN                             (查看 VLAN 信息)
VLAN      Name       Status     Ports
-----     ----       ------     --------------------------
1         default    active     Fa0/1, Fa0/2, Fa0/3, Fa0/4
                                Fa0/5, Fa0/6, Fa0/7, Fa0/8
                                Fa0/9, Fa0/10, Fa0/11, Fa0/12
                                Fa0/13, Fa0/14, Fa0/15, Fa0/16
                                Fa0/17, Fa0/18, Fa0/19, Fa0/20
                                Fa0/21, Fa0/22, Fa0/23, Fa0/24
                                Gig1/2
2         NetA       active     (学习到的 VLAN 信息)
3         NetB       active     (学习到的 VLAN 信息)
  ⋮
```

从上述显示可知,SwitchB 交换机上自己并没有配置 VLANX 信息,名称为 NetA 和 NetB 的 VLAN2 和 VLAN3 是通过 VTP 协议学习到的,这样就省去了在 SwitchB 上配置 VLAN 的工作。到此,VTP 协议配置完毕。

(4) 在交换机 SwithA 上把相应的端口加进 VLAN2 和 VLAN3。

```
SwithA>enable                              (进入特权模式)
SwithA#configure terminal                  (进入全局配置模式)
SwithA(config)#interface fastethernet 0/1  (进入以太网端口 0/1 配置模式)
SwithA(config-if)#switchport mode access   (设置为静态 VLAN 模式)
SwithA(config-if)#switchport access VLAN 2 (将端口分配给 VLAN2)
SwithA(config-if)#exit                      (退出端口配置模式)
SwithA(config)#interface f0/2              (进入以太网端口 0/2 配置模式)
SwithA(config-if)#switchport mode access   (设置为静态 VLAN 模式)
SwithA(config-if)#switchport access VLAN 3 (将端口分配给 VLAN3)
SwithA(config-if)#exit                      (退出端口配置模式)
SwitchA#show VLAN                          (查看 VLAN 信息)
VLAN      Name       Status     Ports
-----     ----       ------     --------------------------
1         default    active     Fa0/3, Fa0/4, Fa0/5, Fa0/6
                                Fa0/7, Fa0/8, Fa0/9, Fa0/10
```

```
                                        Fa0/11, Fa0/12, Fa0/13, Fa0/14
                                        Fa0/15, Fa0/16, Fa0/17, Fa0/18
                                        Fa0/19, Fa0/20, Fa0/21, Fa0/22
                                        Fa0/23, Fa0/24, Gig1/2
2          NetA        active           Fa0/1
3          NetB        active           Fa0/2
```

（5）在交换机 SwithB 上把相应的端口加进 VLAN2 和 VLAN3。

```
SwitchB#configure terminal                    (进入全局配置模式)
SwitchB(config)#interface f0/2                (进入以太网端口 0/2 配置模式)
SwitchB(config-if)#switchport mode access     (设置为静态 VLAN 模式)
SwitchB(config-if)#switchport access VLAN 3   (将端口分配给 VLAN3)
SwitchB(config-if)#exit                        (退出端口配置模式)
SwitchB(config)#interface f0/1                (进入以太网端口 0/1 配置模式)
SwitchB(config-if)#switchport mode access     (设置为静态 VLAN 模式)
SwitchB(config-if)#switchport access VLAN 2   (将端口分配给 VLAN2)
SwitchB(config-if)#end                         (回到特权配置模式)
SwitchB#show VLAN                              (查看 VLAN 信息)
VLAN       Name        Status           Ports
-----      ----        ------           ---------------------------
1          default     active           Fa0/3, Fa0/4, Fa0/5, Fa0/6
                                        Fa0/7, Fa0/8, Fa0/9, Fa0/10
                                        Fa0/11, Fa0/12, Fa0/13, Fa0/14
                                        Fa0/15, Fa0/16, Fa0/17, Fa0/18
                                        Fa0/19, Fa0/20, Fa0/21, Fa0/22
                                        Fa0/23, Fa0/24, Gig1/2
2          NetA        active           Fa0/1
3          NetB        active           Fa0/2
```

经过以上 5 个步骤后，PC1 和 PC2，PC3 和 PC4 可以分别实现互访，但是两组之间不能互访，因为处于不同的 VLAN 中。

如果要将交换机配置成透明模式，命令如下：

```
Switch#VLAN database                          (进入 VLAN 配置模式)
Switch(VLAN)#vtp transparent                  (设置为 VTP 透明模式)
Switch(VLAN)#exit
```

5. 实训要求

本次实训后小结，需要写清楚实训操作过程中出现的问题以及解决办法。

实训任务 15　STP 负载均衡的应用

1. 实训目的

（1）掌握 STP 的基本原理。
（2）熟练配置网桥优先级选举根桥。
（3）熟练配置 cost 值，选举 RP。
（4）掌握交换机上生成树协议的诊断方法。

2. 实训器材

（1）思科某型号的交换机一台。
（2）直通网线和配置线，PC 若干台。
（3）或者使用 Cisco Packet Tracer 模拟器。

3. 实训说明

利用 STP 的 VLAN 权值实现负载均衡。网络拓扑图如图 9-6 所示。

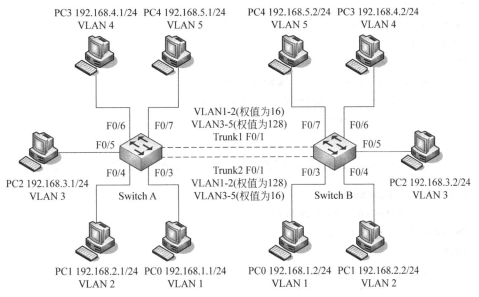

图 9-6　实训任务 15 的网络拓扑图

4. 实训内容和步骤

具体配置如下：

（1）在交换机 SwitchA 上配置 VTP Server 并创建 VLAN2-5，然后配置 VLAN Trunk。

```
SwitchA#VLAN database
SwitchA(VLAN)#vtp domain ZHZYXY.com
SwitchA(VLAN)#vtp server
SwitchA(VLAN)#VLAN 2 name VLAN2
VLAN 2 added:
    Name: VLAN2
SwitchA(VLAN)#VLAN 3 name VLAN3
VLAN 3 added:
    Name: VLAN3
SwitchA(VLAN)#vlan 4 name VLAN4
VLAN 4 added:
    Name: VLAN4
SwitchA(VLAN)#vlan 5 name VLAN5
VLAN 5 added:
    Name: VLAN5
SwitchA(VLAN)#exit
SwitchA#configure terminal
SwitchA(config)#interface f0/1
SwitchA(config-if)#switchport mode trunk
SwitchA(config-if)#switchport trunk allowed VLAN all
SwitchA(config-if)#exit
SwitchA(config)#interface f0/2
SwitchA(config-if)#switchport mode trunk
SwitchA(config-if)#switchport trunk allowed VLAN all
SwitchA(config-if)#end
SwitchA#write
```

（2）在交换机 SwitchB 上配置 VTP Client 学习 VLAN 信息并配置 VLAN Trunk。

```
SwitchB#VLAN database
SwitchB(VLAN)#vtp domain ZHZYXY.com
SwitchB(VLAN)#vtp client
SwitchB(VLAN)#exit
SwitchB#configure terminal
SwitchB(config)#interface f0/1
SwitchB(config-if)#switchport mode trunk
SwitchB(config-if)#switchport trunk allowed VLAN all
SwitchB(config-if)#exit
SwitchB(config)#interface f0/2
SwitchB(config-if)#switchport mode trunk
SwitchB(config-if)#switchport trunk allowed VLAN all
SwitchB(config-if)#exit
SwitchB#write
```

（3）在交换机 SwitchA 上把端口归属各相应的 VLAN。

```
SwitchA#configure terminal
SwitchA(config)#interface f0/4
SwitchA(config-if)#switchport mode access
SwitchA(config-if)#switchport access VLAN 2
SwitchA(config-if)#exit
SwitchA(config)#interface f0/5
SwitchA(config-if)#switchport mode access
SwitchA(config-if)#switchport access VLAN 3
SwitchA(config-if)#exit
SwitchA(config)#interface f0/6
SwitchA(config-if)#switchport mode access
SwitchA(config-if)#switchport access VLAN 4
SwitchA(config-if)#exit
SwitchA(config)#interface f0/7
SwitchA(config-if)#switchport mode access
SwitchA(config-if)#switchport access VLAN 5
SwitchA(config-if)#end
SwitchA#write
SwitchA#show VLAN
VLAN    Name      Status    Ports
-----   ----      ------    --------------------------
1       default   active    Fa0/3, Fa0/8, Fa0/9, Fa0/10
                            Fa0/11, Fa0/12, Fa0/13, Fa0/14
                            Fa0/15, Fa0/16, Fa0/17, Fa0/18
                            Fa0/19, Fa0/20, Fa0/21, Fa0/22
                            Fa0/23, Fa0/24, Gig1/1, Gig1/2
2       VLAN2     active    Fa0/4
3       VLAN3     active    Fa0/5
4       VLAN4     active    Fa0/6
5       VLAN5     active    Fa0/7
```

（4）在交换机 SwitchB 上把端口归属各相应的 VLAN。

```
SwitchB#configure terminal
SwitchB(config)#interface f0/4
SwitchB(config-if)#switchport mode access
SwitchB(config-if)#switchport access VLAN 2
SwitchB(config-if)#exit
SwitchB(config)#interface f0/5
SwitchB(config-if)#switchport mode access
SwitchB(config-if)#switchport access VLAN 3
SwitchB(config-if)#exit
SwitchB(config)#interface f0/6
```

```
SwitchB(config-if)#switchport mode access
SwitchB(config-if)#switchport access VLAN 4
SwitchB(config-if)#exit
SwitchB(config)#interface f0/7
SwitchB(config-if)#switchport mode access
SwitchB(config-if)#switchport access VLAN 5
SwitchB(config-if)#end
SwitchB#write
SwitchB#show VLAN
VLAN       Name         Status       Ports
-----      ----         ------       --------------------------
1          default      active       Fa0/3, Fa0/8, Fa0/9, Fa0/10
                                      Fa0/11, Fa0/12, Fa0/13, Fa0/14
                                      Fa0/15, Fa0/16, Fa0/17, Fa0/18
                                      Fa0/19, Fa0/20, Fa0/21, Fa0/22
                                      Fa0/23, Fa0/24, Gig1/1, Gig1/2
2          VLAN2        active       Fa0/4
3          VLAN3        active       Fa0/5
4          VLAN4        active       Fa0/6
5          VLAN5        active       Fa0/7
```

（5）在交换机 SwitchA 上设置各 VLAN 在 Trunk 端口的 STP 值。

```
SwitchA(config)#interface f0/1
SwitchA(config-if)#spanning-tree VLAN 1 port-priority 16
SwitchA(config-if)#spanning-tree VLAN 2 port-priority 16
SwitchA(config-if)#exit
SwitchA(config)#interface f0/2
SwitchA(config-if)#spanning-tree VLAN 3 port-priority 16
SwitchA(config-if)#spanning-tree VLAN 4 port-priority 16
SwitchA(config-if)#spanning-tree VLAN 5 port-priority 16
SwitchA(config-if)#end
SwitchA#copy running-config startup-config
```

至此，已经成功使用 STP 权值进行了 Trunk 端口的负载均衡。可以使用以下命名查看配置结果。

```
SwitchA#show interfaces trunk
Port       Mode       Encapsulation      Status       Native VLAN
Fa0/1      on         802.1q             trunking     1
Fa0/2      on         802.1q             trunking     1
Port       VLANS allowed on trunk
Fa0/1      1-1005
Fa0/2      1-1005
Port       VLANS allowed and active in management domain
```

```
Fa0/1     1,2,3,4,5
Fa0/2     1,2,3,4,5
Port      VLANS in spanning tree forwarding state and not pruned
Fa0/1     1,2
Fa0/2     3,4,5
```

当然,除了利用设置 STP 的权值来实现负载均衡外,还可以利用设置 STP 路径值来实现负载均衡。在默认情况下,交换 STP 路径值为 19,因此,只要增加某个 VLAN 的路径值,就可以阻止该 VLAN 使用 Trunk 端口。

```
SwitchA#config terminal                    (进入全局配置模式)
SwitchA(config)#interface f0/1             (进入端口 f0/1 的配置模式)
SwitchA(config-if)#spanning-tree VLAN 3-5 cost 38
                                           (将 VLAN3-5 的 STP 路径值设置为 38)
SwitchA(config-if)#exit
SwitchA(config)#interface f0/2             (进入端口 f0/1 的配置模式)
SwitchA(config-if)#spanning-tree VLAN 1-2 cost 38
                                           (将 VLAN1-2 的 STP 路径值设置为 38)
SwitchA(config-if)#exit
```

(6) 查看交换的运行状态。

```
SwitchA#show running-config
Building configuration…

Current configuration : 1382 bytes
!
version 12.2
no service timestamps log datetime msec
no service timestamps debug datetime msec
no service password-encryption
!
hostname SwitchA
!
no ip domain-lookup                        (去掉域名查找功能)
!
interface FastEthernet0/1
switchport mode trunk                      (f0/1 处于 Trunk 端口状态)
spanning-tree VLAN 1-2 port-priority 16 (在此 Trunk 端口 VLAN1-2 的 STP 值为 16)
!
interface FastEthernet0/2
switchport mode trunk                      (f0/2 处于 Trunk 端口状态)
spanning-tree VLAN 3-5 port-priority 16 (在此 Trunk 端口 VLAN3-5 的 STP 值为 16)
!
interface FastEthernet0/3
switchport mode access             (端口 f0/3 处于静态 VLAN 状态,默认属于 VLAN1)
```

```
!
interface FastEthernet0/4
switchport access VLAN 2
switchport mode access                (端口 f0/4 处于静态 VLAN 状态,默认属于 VLAN2)
!
interface FastEthernet0/5
switchport access VLAN 3
switchport mode access                (端口 f0/5 处于静态 VLAN 状态,默认属于 VLAN3)
!
interface FastEthernet0/6
switchport access VLAN 4               (端口 f0/6 处于静态 VLAN 状态,默认属于 VLAN4)
switchport mode access
!
interface FastEthernet0/7
switchport access VLAN 5
switchport mode access                (端口 f0/7 处于静态 VLAN 状态,默认属于 VLAN5)
!
interface FastEthernet0/8
!
interface FastEthernet0/9
!
:
interface FastEthernet0/18
!
interface FastEthernet0/19
!
interface FastEthernet0/20
!
interface FastEthernet0/21
!
interface FastEthernet0/22
!
interface FastEthernet0/23
!
interface FastEthernet0/24
!
interface GigabitEthernet1/1
!
interface GigabitEthernet1/2
!
interface VLAN1
no ip address
shutdown
!
line con 0
```

```
!
line vty 0 4
login
line vty 5 15
login
!
End
```

5. 实训要求

本次实训后小结,需要写清楚实训操作过程中出现的问题及解决办法。

思考习题

1. 不同厂商的交换机在配置 VLAN 时都用相同的命令吗?

2. 交换机内的 VLAN 与交换机之间的 VLAN 有何区别?

3. 不同厂商的交换机 Trunk 封装协议是一样的吗?

4. 为什么 VTP 配置时要注意 vtp server 和 vtp client 采用相同的域名和口令,两交换机之间的链路端口要配置为 trunk 模式?

5. VTP 修剪提供一种方式来提高带宽的使用率,通过 VTP 修剪可以减少广播、组播、单播包的数量吗? 为什么?

6. VTP 修剪只将广播发送到真正需要这些信息的中继链路上吗?

7. STP 生成树协议的工作原理是什么?

第 10 章　路由器技术及应用

工作情境描述

某大型企业由于业务的扩展,急需改扩建设企业网络。本章以 CISCO 路由器为例,学习企业级路由器的相关配置技术及在网络中的应用。

10.1　路由器基本应用

路由器是因特网的主要节点设备,其主要作用是进行路由计算,将报文从一个网络转发到另一个网络。路由器常常用于将用户的局域网连入广域网,因此很多路由器既有普通的以太网络端口,又有串行端口(用于连接广域网设备)。端口配置和路由配置是路由器最主要的配置内容。端口配置包括普通以太网络端口的配置和串行端口的配置。路由配置包括静态路由配置、默认路由配置和动态路由配置。

一般来说,路由器配置是按照下面步骤进行:局域网端口配置,广域网端口配置＋静态路由配置,默认路由配置,动态路由配置。

10.1.1　以太网端口的配置

路由器以太网端口常用的配置命令如表 10-1 所示。

表 10-1　常用的路由器配置命令

命　令	说　明
interface type solt/number	端口设置
ip address address subnet-mask	设置 IP 地址
no shutdown	激活端口
show interfaces {type[slot_id/] port_id}	显示端口配置情况
show ip interface {type[slot_id/] port_id}	显示端口 IP 配置情况

配置举例:路由 R1 和 R2 之间用交叉线相连,连接端口和 IP 地址如图 10-1 所示。

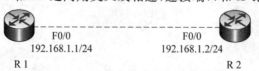

F0/0　　　　　　　　　　F0/0
192.168.1.1/24　　　　192.168.1.2/24
R 1　　　　　　　　　　　　　　　R 2

图 10-1　路由器以太网端口配置

1. 配置 R1 路由器

Router> enable

Router#configure terminal

Router(config)#hostname R1　　　　　　　　(改主机名为 R1)

R1(config)#interface fastethernet 0/0

R1(config-if)#ip address 192.168.1.1 255.255.255.0

　　　　　　　　　　　　　(配置以太网端口 f0/0ip 地址和子网掩码)

R1(config-if)#no shutdown

R1(config-if)#exit

R1(config)#

查看端口 f0/0 的参数配置情况：

R1#show ip interface f0/0　　　　　　(查看 ip 配置情况)

FastEthernet0/0 is up, line protocol is up (connected) (端口启动,协议也启动)

　　Internet address is 192.168.1.1/24　　(ip 地址)

　　Broadcast address is 255.255.255.255　(子网掩码)

　　Address determined by setup command

　　MTU is 1500

　　⋮

2. 配置 R2 路由器命令

Router>enable

Router#configure terminal

Enter configuration commands, one per line. End with CNTL/Z.

Router(config)#hostname R2

R2(config)#interface f0/0

R2(config-if)#ip address 192.168.1.2 255.255.255.0

R2(config-if)#no shutdown

R2(config-if)#end

在 R1 上查看路由器：

R1#show ip route　　　　　　(查看路由器)

Codes: C-connected, S-static, I-IGRP, R-RIP, M-mobile, B-BGP

　　　　D-EIGRP, EX-EIGRP external, O-OSPF, IA-OSPF inter area

　　　　N1-OSPF NSSA external type 1, N2-OSPF NSSA external type 2

　　　　E1-OSPF external type 1, E2-OSPF external type 2, E-EGP

　　　　i-IS-IS, L1-IS-IS level-1, L2-IS-IS level-2, ia-IS-IS inter area

　　　　* -candidate default, U-per-user static route, o-ODR

　　　　P-periodic downloaded static route

Gateway of last resort is not set

C 192.168.1.0/24 is directly connected, FastEthernet0/0　　(直连路由)

在路由表中可以看到路由器直连了一个网络,在路由条目的前面都有一个字母 C,从表头的 Codes 说明得知,C 是 connected 的第一个字母,代表直连。在字母 C 后面的域是目标网络,其中/24 是子网掩码 255.255.255.0 的另一种表示形式。最后是连接网络的路由器端口。

按照这种路由器连接拓扑,可以用下述方法测试它们的连通性。从 R1 路由器 ping R2 路由器。

```
R1#ping 192.168.1.2                          (测试连通性)
Type escape sequence to abort
Sending 5, 100-byte ICMP Echos to 192.168.1.2, timeout is 2 seconds:
!!!!!
Success rate is 100 percent(5/5), round-trip min/avg/max = 31/31/32 ms
```

10.1.2 串行端口的配置

路由器串行端口常用的配置命令如表 10-2 所示。

表 10-2 路由器串行端口常用配置命令

命　令	说　明
interface type solt/number	端口设置
ip address address subnet-mask	设置 IP 地址
clock rate rate_in_hz	设置时钟频率(DCE 才需要)
bandwidth rate_in_kbps	设置带宽
no shutdown	激活端口
show interfaces {type[slot_id/] port_id}	显示端口配置情况
show ip interfaces {type[slot_id/] port_id}	显示端口 IP 配置情况

同步串行端口的同步时钟信号是由 DCE(数据通信设备,如 modem)提供的。默认情况下,路由器串行端口充当 DTE。如果查看到该端口是 DTE(数据终端设备,如计算机)类型,不必配置同步时钟参数;如果查看到端口是 DCE 类型,就必须用 clock rate 命令指定时钟频率来配置成 DCE 端。在串行端口连接中,作为 DCE 的一端必须为连接的另一DTE 提供时钟信号。

10.1.3 静态路由的配置

路由器静态路由的配置命令如表 10-3 所示。

表 10-3　静态路由的配置命令

命　　令	说　　明
ip routing	启动路由功能
［no］ip route destination_network_id［subnet_mask］{address/ interface}［distance］	设置/撤销静态路由
show ip route	查看路由表信息

10.1.4　默认路由的配置

除了使用静态路由外,也可以使用默认路由来实现数据报转发。路由器默认路由的配置命令如表 10-4 所示。

表 10-4　路由器默认路由的配置命令

命　　令	说　　明
ip rout 0.0.0.0 0.0.0.0 {address/interface}	设置默认路由
ip classless[1]	启用默认路由

配置网络拓扑图如图 10-2 所示。

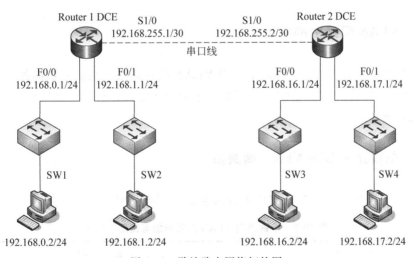

图 10-2　默认路由网络拓扑图

现把 R1 路由器里面的静态路由删除,然后添加一条通过 192.168.16.0/24 网络的静态路由和一条默认路由。

配置如下:

```
R1(config)#no ip route 192.168.16.0 255.255.255.0 192.168.255.2
R1(config)#ip route 192.168.16.0 255.255.255.0 192.168.255.2
R1(config)#ip route 0.0.0.0 0.0.0.0 192.168.255.2          (配置默认路由)
```

```
R1(config)#exit
R1#show ip route
Codes: C-connected, S-static, I-IGRP, R-RIP, M-mobile, B-BGP
       D-EIGRP, EX-EIGRP external, O-OSPF, IA-OSPF inter area
       N1-OSPF NSSA external type 1, N2-OSPF NSSA external type 2
       E1-OSPF external type 1, E2-OSPF external type 2, E-EGP
       i-IS-IS, L1-IS-IS level-1, L2-IS-IS level-2, ia-IS-IS inter area
       *-candidate default, U-per-user static route, o-ODR
       P-periodic downloaded static route
Gateway of last resort is 192.168.255.2 to network 0.0.0.0
C    192.168.0.0/24 is directly connected, FastEthernet0/0
C    192.168.1.0/24 is directly connected, FastEthernet0/1
S    192.168.16.0/24 [1/0] via 192.168.255.2
     192.168.255.0/30 is subnetted, 1 subnets
C    192.168.255.0 is directly connected, Serial1/0
S*   0.0.0.0/0 [1/0] via 192.168.255.2(默认路由,指定下一跳的 ip 是 192.168.255.2)
```

以上路由信息中,"S＊"表示默认路由。在 R1 中,添加了到达 192.168.16.0/24 的静态路由,可让 R1 端的 PC1 和 PC2 访问 PC3 和 PC4,虽然没有添加到 192.168.17.0/24 网络的静态路由,但是在配置了默认路由后,PC1 和 PC2 访问 192.168.17.0/24 网络可从默认路由出去。

10.1.5　VLAN 间路由的配置

在交换机上划分 VLAN 后,属于不同 VLAN 的端口之间是相互隔离的。但连接在不同 VLAN 端口的设备需要通信时,需要通过第三层设备进行数据转发(例如路由器或第三层交换机)。

10.1.6　单臂路由实现 VLAN 间路由

用于单臂路由的 VLAN 间路由配置命令如表 10-5 所示。

表 10-5　单臂路由 VLAN 间路由的常用配置命令

命　　令	说　　明
interface type slot/number1.number2	创建子端口,例如 interface f0/0.1
encapsulation dot1q VLAN-id	指明子端口承载的 VLAN 流量及封装类型是 802.1Q 协议
ip routing	打开三层交换机的路由功能
interface VLAN vlan-id	创建 VLAN 虚端口,例如 interface VLAN 2

处于不同 VLAN 的主机即使连接在同一台交换机上,它们之间的通信也必须通过第三层设备实现,路由器就是典型的第三层设备。结合交换机的 Trunk 技术,路由器可以

使用单臂路由模式实现 VLAN 间路由。在该模式下，路由器只需用一个物理端口与交换机的 Trunk 端口相连接，然后在该物理端口上为每个 VLAN 创建子端口，就可以在一条物理线路转发多个 VLAN 的数据（单臂路由）。

10.1.7 三层交换实现 VLAN 间路由

通过路由器的单臂路由模式实现 VLAN 间路由的转发速率比较慢。在实际组网时，通常采用第三层交换机来实现 VLAN 间的数据转发，其速率可以达到普通路由器的几十倍。第三层交换机可以被视为第二层交换机与虚拟路由器的有机结合。

10.2 动态路由协议的应用

10.2.1 路由协议的配置

在小规模的网络互联情况下，可以使用静态建立路由表的方法来指定每一个可达目的网络的路由。但把这种方法用到较大规模的网络互联显然是不可行的。路由器一般都能够配置动态路由协议，通过与相邻的路由器交换网络信息而动态建立路由表。

路由协议定义了路由器间相互交换网络信息的规范。路由器之间通过路由协议相互交换网络的可达性信息，然后每个路由器据此计算出到达各个目的网络的路由。路由协议能够用以下度量标准的几种或全部来决定到目的网络的最优路径：路径长度、可靠程度、延迟（Delay）、带宽、负载和代价（Cost）。

管理距离（Administrative Distance）是衡量路由信息可信任程度的参数，管理距离越低，表明该协议提供的路由信息越可靠。静态路由的管理距离是 1，动态路由协议也有自己的管理距离。C1SCO 定义的管理距离如表 10-6 所示。

表 10-6　CISCO 定义的管理距离

路 由 源	默认管理距离值	路 由 源	默认管理距离值
直接端口	0	IS-IS	115
静态路由	1	RIP	120
EIGRP 汇总路由	5	EGP	170
BGP	20	外部 EIGRP	170
内部 EIGRP	90	内部 BGP	200
IGRP	100	未知	255
OSPF	110		

根据交换的路由信息的不同，路由协议可分为距离向量（Distance Vector）、链路状态（Link State）和混合路由（Hybrid Routing）三种类型。

常用的内部网关路由协议有 RIP，IGRP，EIGRP 和 OSPF。

10.2.2 RIP 的配置

RIP 是基于 D-V 算法的路由协议,使用跳数(Hop Count)来表示度量值(Metric)。跳数是一个数据报到达目标所必须经过的路由器的数目。

RIP 认为跳数少的路径为最优路径。路由器收集所有可达目标网络的路径,从中选择去往同一个网络所用跳数最少的路径信息,生成路由表;然后把所能收集到的路由(路径)信息中的跳数加 1 后生成路由更新通告,发送给相邻路由器;最后依次逐渐扩散到全网。RIP 每 30s 发送一次路由信息更新。

RIP 最多支持的跳数为 15,即在源和目的网络可以经过的路由器的数目最多为 15,跳数为 16 表示目的网络不可达,所以 RIP 只适用于小型网络。常用的 RIP 配置命令如表 10-7 所示。

表 10-7 常用的 RIP 配置命令

命 令	说 明
router rip	指定使用 RIP 协议
version {1|2}	指定 RIP 版本(默认为 1)
network network_id	指定与该路由器直接相连的网络
(config-if)♯ ip rip sent version {1\2}	配置一个端口只发送某个版本的 RIP 分组
(config-if)♯ ip rip reveive version {1\2}	配置一个端口只接收某个版本的 RIP 分组
no auto-summary[1]	关闭自动汇总功能
ip rip authentication key-chain <strings>	打开认证功能(要在三层端口上设置)

注:[1]RIPv2 在处理有类别(A,B 和 C 类)网络地址时会自动地汇总路由。这意味着即使规定路由器连接的是 10.0.3.0/24 这个网络,但 RIPv2 仍然会发布其连接整个 A 类网络 10.0.0.0。在 RIPv2 协议中,路由自动汇总功能默认是有效的。在处理 VLSM,尤其是存在不连续子网的网络中,通常需要用 no auto-summary 命令来关闭该功能。

10.2.3 IGRP 的配置

IGRP 也是一种基于 D-V 算法的路由协议。IGRP 使用综合参数(带宽、时延、负载、可靠性和最大传输单元)来表示度量值,能够处理不确定的、复杂的拓扑结构,不支持 VLSM 和 CIDR。

默认情况下,IGRP 每 90s 发送一次路由信息更新消息。在 3 个更新周期(270s)若收不到更新,即没有刷新路由表中的对应路由条目,就认为该路由不可达。在 7 个更新周期后,还收不到更新信息,就会从路由表中将对应路由条目删除。

常用的 IGRP 配置命令如表 10-8 所示。

表 10-8　常用的 IGRP 配置命令

命　　令	说　　明
router igrp autonomous-system[1]	指定使用 IGRP 协议
network network	指定与该路由器直接相连的网络
show ip route	查看路由表信息

注：[1] autonomous-system 是自治系统号，具有相同自治系统号的路由器才会相互交换 IGRP 路由信息。

自治系统号取值范围为 1~65535，而且只有 64512~65535 可用于私网，其他自治系统号都用于公网。

因为带宽是 IGRP 的度量值之一，在配置串行端口时，需要用 bandwidth 命令指明相应端口上的带宽为多少来模拟实际网络带宽。当配置好路由器的端口地址后，就可以进行 IGRP 协议的配置。

网络拓扑图如图 10-3 所示。

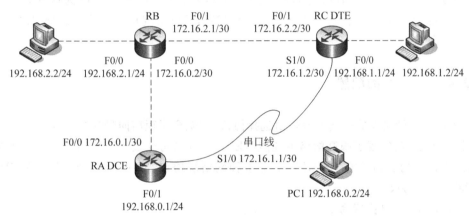

图 10-3　IGRP 协议的配置

假设 RA，RB 和 RC 路由器上各端口 ip 参数已配好，现在只需要在各路由器上加上 IGRP 协议即可。配置 IGRP 协议如下：

1. 在路由器 RA 上配置 IGRP

```
RA(config)#no router rip
RA(config)#router igrp 100
RA(config-router)#network 192.168.0.0
RA(config-router)#network 172.16.0.0
RA(config-router)#network 172.16.1.0
```

2. 在路由器 RB 上配置 IGRP

```
RB(config)#router rip
RB(config)#router igrp 100
RB(config-router)#network 192.168.2.0
```

```
RB(config-router)#network 172.16.0.0
RB(config-router)#network 172.16.2.0
```

3. 在路由器 RC 上配置 IGRP

```
RC(config)#no router rip
RC(config)#router igrp 100
RC(config-router)#network 192.168.1.0
RC(config-router)#network 172.16.1.0
RC(config-router)#network 172.16.2.0
```

配置完成以后,可以查看到路由器自动学习到的 IGRP 路由信息,标记为 I。此刻,RA 访问 RC,RC 访问 RA 的路由都要经过路由器 RB 转发,这是因为 IGRP 计算度量值时需要把网络带宽因素考虑进去。这里假设以太网的带宽是 100Mb/s,显然比 64Kb/s 带宽(配置 RA 和 RBip 参数时配置的)的串行端口大,所以经 RB 转发的路由最优,计算出来的度量值最小。从 RB 访问 172.16.1.0/30 的网段有两条路由,因为这两条路由具有相同的度量值,两条路由都可用。通过这种配置,可以实现从 RB 到 172.16.1.0/30 网段的链路负载均衡。

10.2.4 EIGRP 的配置

EIGRP 是最典型的平衡混合路由选择协议,它融合了距离向量和链路状态两种路由选择协议的优点,实现了很高的路由性能。EIGRP 支持可变长子网掩码和 CIDR,支持对自动路由汇总功能的设定。EIGRP 支持多种网络层协议,除 IP 协议外,还支持 IPX 和 AppleTalk 等协议。

常用的 EIGRP 配置命令如表 10-9 所示。

表 10-9 常用的 EIGRP 配置命令

命 令	说 明
router eigrp autonomous-system	指定使用 EIGRP
network address [wildcard-mask][1]	指定与该路由器直接相连的网络
no auto-summary[2]	关闭自动汇总功能
ip summary-address eigrp network_id mask	手工汇总
show ip route	查看路由表信息

注意:

[1] EIGRP 与 IGRP 在 network 命令的区别在于多了 wildcard-mask 参数,这是通配符掩码。如果网络定义使用的是默认掩码,则 wildcard-mask 参数可以省略;如果网络定义使用的不是默认掩码,则 wildcard-mask 参数必须标明。

[2] EIGRP 在处理有类别(A,B 和 C 类)网络地址时,会自动地汇总路由。这意味着即使规定 RTC 连接的是 10.0.3.0/24 这个网络,但 EIGRP 仍然会发布其连接整个 A 类网络 10.0.0.0。在 EIGRP 中,路由自动汇总功能默认是有效的。存在不连续子网的网络中,通常需要用 no auto-summary 命令来关闭该功能。

实训任务 16　路由器基本配置

1．实训目的

（1）掌握常用路由器的高级配置命令用法。

（2）熟练掌握 DTE 和 DCE 设备的基本参数配置。

2．实训器材

（1）思科某型号的路由器两台。

（2）直通网线、配置线及串口线，PC 若干台。

（3）或者使用 Cisco Packet Tracer 模拟器。

3．实训说明

（1）两个路由器 R1 和 R2 使用串行端口（在模拟器中需要自行添加）进行连接。假定 R1 是 DCE 端，R2 是 DTE 端。因为点到点连接只需用到两个 IP 地址，所以使用子网 192.168.1.0/30 来连接两个端口。

（2）网络拓扑图如图 10-4 所示。

图 10-4　实训任务 16 的网络拓扑图

4．实训内容和步骤

（1）配置路由器 R1 上（DCE 端）。

```
R1(config)#interface serial 1/0              (进入串口 S1/0 配置模式)
R1(config-if)#ip address 192.168.1.1 255.255.255.252      (配置 IP 地址和子网掩码)
R1(config-if)#clock rate 64000               (设置时钟频率为 64KHz，DCE 端必须配
                                              置，DTE 端不需要配置)
R1(config-if)#bandwidth 64                   (设置带宽为 64Kb/s)
R1(config-if)#no shutdown                    (激活端口)
R1(config-if)#exit                           (退出端口配置模式)
```

查看 S1/0 配置情况：

```
R1#show interfaces S1/0
Serial1/0 is up, line protocol is up         (connected)
    Hardware is HD64570
    Internet address is 192.168.1.1/30
    ⋮
```

（2）配置路由器 R2 上（DTE 端）。

```
R2(config)#interface S1/0
R2(config-if)#ip address 192.168.1.2 255.255.255.252
R2(config-if)#bandwidth 64
R2(config-if)#no shutdown
R2(config-if)#exit
```

在 R1 上查看路由表：

```
R1#show ip route
Codes: C-connected, S-static, I-IGRP, R-RIP, M-mobile, B-BGP
       D-EIGRP, EX-EIGRP external, O-OSPF, IA-OSPF inter area
       N1-OSPF NSSA external type 1, N2-OSPF NSSA external type 2
       E1-OSPF external type 1, E2-OSPF external type 2, E-EGP
       i-IS-IS, L1-IS-IS level-1, L2-IS-IS level-2, ia-IS-IS inter area
       *-candidate default, U-per-user static route, o-ODR
       P-periodic downloaded static route
Gateway of last resort is not set
       192.168.1.0/30 is subnetted, 1 subnets           (表明是子网)
C      192.168.1.0 is directly connected, Serial1/0      (直连路由)
```

5. 实训要求

本次实训后小结，需要写清楚实训操作过程中出现的问题，以及解决办法。

实训任务 17　静态路由的应用

1. 实训目的

（1）掌握静态路由的配置方法。

（2）验证静态路由的配置结果，加深对路由技术的理解。

（3）掌握静态路由在实际网络工程中的应用。

2. 实训器材

（1）思科某型号的路由器两台和交换机 4 台。

（2）直通网线和配置线，PC 若干台。

（3）或者使用 Cisco Packet Tracer 模拟器。

3. 实训说明

（1）路由器 R1 和 R2 之间采用串口相连，通过静态路由的相关配置实现全网互连互通。

（2）网络拓扑图如图 10-5 所示。

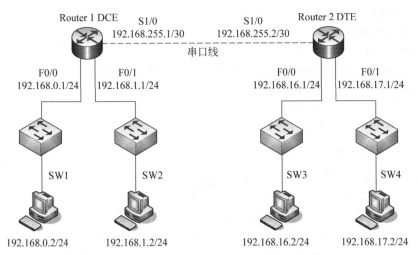

图 10-5　实训任务 17 的网络拓扑图

4. 实训内容和步骤

（1）配置路由器 R1。

```
Router(config)#hostname R1
R1(config)#interface f0/0
R1(config-if)#ip address 192.168.0.1 255.255.255.0
R1(config-if)#no shutdown
R1(config-if)#exit
R1(config)#interface f0/1
R1(config-if)#ip address 192.168.1.1 255.255.255.0
R1(config-if)#no shutdown
R1(config-if)#exit
R1(config)#interface s1/0
R1(config-if)#ip address 192.168.255.1 255.255.255.252
R1(config-if)#clock rate 64000        (DCE 端一定要配置时钟频率)
R1(config-if)#bandwidth 64
R1(config-if)#no shutdown
R1(config-if)#exit
```

（2）配置路由器 R2。

```
Router(config)#hostname R2
R2(config)#interface f0/0
R2(config-if)#ip address 192.168.16.1 255.255.255.0
R2(config-if)#no shutdown
R2(config-if)#exit
R2(config)#interface f0/1
R2(config-if)#ip address 192.168.17.1 255.255.255.0
```

```
R2(config-if)#no shutdown
R2(config-if)#exit
R2(config)#interface s1/0
R2(config-if)#ip address 192.168.255.2 255.255.255.252
R2(config-if)#bandwidth 64
R2(config-if)#no shutdown
R2(config-if)#exit
```

查看 R1 上路由表：

```
R1#show ip route                    (查看路由表)
Codes: C-connected, S-static, I-IGRP, R-RIP, M-mobile, B-BGP
       D-EIGRP, EX-EIGRP external, O-OSPF, IA-OSPF inter area
       N1-OSPF NSSA external type 1, N2-OSPF NSSA external type 2
       E1-OSPF external type 1, E2-OSPF external type 2, E-EGP
       i-IS-IS, L1-IS-IS level-1, L2-IS-IS level-2, ia-IS-IS inter area
       *-candidate default, U-per-user static route, o-ODR
       P-periodic downloaded static route
Gateway of last resort is not set
C    192.168.0.0/24 is directly connected, FastEthernet0/0
                              (通往 192.168.0/24 网络的直连路由)
C    192.168.1.0/24 is directly connected, FastEthernet0/1
                              (通往 192.168.1.0/24 网络的直连路由)
     192.168.255.0/30 is subnetted, 1 subnets
C    192.168.255.0 is directly connected, Serial1/0
                              (通往 192.168.255.0/30 网络的直连路由)
```

（3）在 R1 上配置静态路由。

```
R1(config)#ip routing                    (启动路由功能)
R1(config)#ip route 192.168.16.0 255.255.255.0 192.168.255.2
                              (添加到达 192.168.16.0/24 的静态路由)
R1(config)#ip route 192.168.17.0 255.255.255.0 192.168.255.2
                              (添加到达 192.168.17.0/24 的静态路由)
```

"ip route 192.168.16.0 255.255.255.0 192.168.255.2"命令中的"192.168.16.0 255.255.255.0"是要到达的目标网络，而"192.168.255.2"则是从 R1 到达目标网络而经过的下一跳的 ip 地址，这个 ip 地址可改用当前路由器要到达目标网络的出口端口号。故上两行命令改为下两行命令也具有同样的效果：

```
R1(config)#ip route 192.168.16.0 255.255.255.0 s1/0
                              (添加到达 192.168.16.0/24 的静态路由)
R1(config)#ip route 192.168.17.0 255.255.255.0 s1/0
                              (添加到达 192.168.17.0/24 的静态路由)
```

查看 R1 上的路由表：

```
R1#show ip route
Codes: C-connected, S-static, I-IGRP, R-RIP, M-mobile, B-BGP
       D-EIGRP, EX-EIGRP external, O-OSPF, IA-OSPF inter area
       N1-OSPF NSSA external type 1, N2-OSPF NSSA external type 2
       E1-OSPF external type 1, E2-OSPF external type 2, E-EGP
       i-IS-IS, L1-IS-IS level-1, L2-IS-IS level-2, ia-IS-IS inter area
       *-candidate default, U-per-user static route, o-ODR
       P-periodic downloaded static route
Gateway of last resort is not set
C    192.168.0.0/24 is directly connected, FastEthernet0/0
C    192.168.1.0/24 is directly connected, FastEthernet0/1
S    192.168.16.0/24 [1/0] via 192.168.255.2  (通过 192.168.16.0/24 网络的静态路由)
S    192.168.17.0/24 [1/0] via 192.168.255.2  (通过 192.168.17.0/24 网络的静态路由)
     192.168.255.0/30 is subnetted, 1 subnets
C    192.168.255.0 is directly connected, Serial1/0
```

此刻可测试数据包可从 R1 端的 PC1 或 PC2 经过 R1 和 R2 两个路由器到达 PC3 和 PC4,但是反之不成立,因为是 R2 上还未添加到 192.168.0.0/24 和 192.168.1.0/24 两个网络的路由信息。

(4) 在 R2 上配置静态路由。

```
R2(config)#ip route 192.168.0.0 255.255.255.0 s1/0
R2(config)#ip route 192.168.1.0 255.255.255.0 s1/0
```

查看 R2 路由表信息:

```
R2(config)#exit
R2#show ip route
Codes: C-connected, S-static, I-IGRP, R-RIP, M-mobile, B-BGP
       D-EIGRP, EX-EIGRP external, O-OSPF, IA-OSPF inter area
       N1-OSPF NSSA external type 1, N2-OSPF NSSA external type 2
       E1-OSPF external type 1, E2-OSPF external type 2, E-EGP
       i-IS-IS, L1-IS-IS level-1, L2-IS-IS level-2, ia-IS-IS inter area
       *-candidate default, U-per-user static route, o-ODR
       P-periodic downloaded static route
Gateway of last resort is not set
S    192.168.0.0/24 is directly connected, Serial1/0
S    192.168.1.0/24 is directly connected, Serial1/0
C    192.168.16.0/24 is directly connected, FastEthernet0/0
C    192.168.17.0/24 is directly connected, FastEthernet0/1
     192.168.255.0/30 is subnetted, 1 subnets
C    192.168.255.0 is directly connected, Serial1/0
```

采用路由汇聚的方法重新配置 R1 和 R2 的静态路由命令如下:

```
R1(config)#no ip route 192.168.16.0 255.255.255.0 192.168.255.2  (删除路由信息)
```

R1(config)#no ip route 192.168.17.0 255.255.255.0 192.168.255.2　　（删除路由信息）

R1(config)#ip route 192.168.16.0 255.255.254.0 192.168.255.2　　（路由汇聚）

R1(config)#exit

R1#show ip route　　　　　　　　　　　　　　　　　　　　　　　　（查看路由）

Codes: C-connected, S-static, I-IGRP, R-RIP, M-mobile, B-BGP

　　　　D-EIGRP, EX-EIGRP external, O-OSPF, IA-OSPF inter area

　　　　N1-OSPF NSSA external type 1, N2-OSPF NSSA external type 2

　　　　E1-OSPF external type 1, E2-OSPF external type 2, E-EGP

　　　　i-IS-IS, L1-IS-IS level-1, L2-IS-IS level-2, ia-IS-IS inter area

　　　　* -candidate default, U-per-user static route, o-ODR

　　　　P-periodic downloaded static route

Gateway of last resort is not set

C　　192.168.0.0/24 is directly connected, FastEthernet0/0

C　　192.168.1.0/24 is directly connected, FastEthernet0/1

S　　192.168.16.0/23 [1/0] via 192.168.255.2

　　　192.168.255.0/30 is subnetted, 1 subnets

C　　192.168.255.0 is directly connected, Serial1/0

以上是 R1 配置,R2 配置如下:

R2(config)#no ip route 192.168.0.0 255.255.255.0 s1/0

R2(config)#no ip route 192.168.1.0 255.255.255.0 s1/0

R2(config)#ip route 192.168.0.0 255.255.254.0 s1/0　　　　　（路由汇聚）

R2(config)#exit

R2#show ip route

Codes: C-connected, S-static, I-IGRP, R-RIP, M-mobile, B-BGP

　　　　D-EIGRP, EX-EIGRP external, O-OSPF, IA-OSPF inter area

　　　　N1-OSPF NSSA external type 1, N2-OSPF NSSA external type 2

　　　　E1-OSPF external type 1, E2-OSPF external type 2, E-EGP

　　　　i-IS-IS, L1-IS-IS level-1, L2-IS-IS level-2, ia-IS-IS inter area

　　　　* -candidate default, U-per-user static route, o-ODR

　　　　P-periodic downloaded static route

Gateway of last resort is not set

S　　192.168.0.0/23 is directly connected, Serial1/0

C　　192.168.16.0/24 is directly connected, FastEthernet0/0

C　　192.168.17.0/24 is directly connected, FastEthernet0/1

　　　192.168.255.0/30 is subnetted, 1 subnets

C　　192.168.255.0 is directly connected, Serial1/0

5. 实训要求

本次实训后小结,需要写清楚实训操作过程中出现的问题,以及解决办法。

实训任务 18　单臂路由的应用

1. 实训目的

（1）理解路由器配置的基本原理。

（2）掌握 VLAN 间路由单臂路由的配置。

（3）掌握路由器子接口的基本命令配置。

2. 实训器材

（1）思科某型号的路由器和交换机各 1 台。

（2）直通网线和配置线，PC 若干台。

（3）或者使用 Cisco Packet Tracer 模拟器。

3. 实训说明

（1）PC0 连接的交换机端口 f0/2 默认情况下属于 VLAN1，而 PC1 连接的端口 f0/3 属于新建的 VLAN2 中，实现不同 VLAN 之间的相互通信。

（2）网络拓扑图如图 10-6 所示。

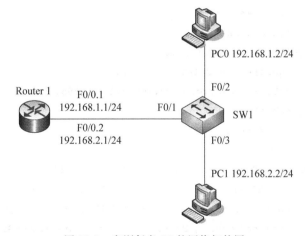

图 10-6　实训任务 18 的网络拓扑图

4. 实训内容和步骤

配置步骤如下：

（1）在交换机上创建 VLAN2 并把端口 f0/1 设置成 Trunk。

```
Switch#VLAN database
Switch(VLAN)#VLAN 2 name Net2
VLAN 2 added:
    Name: Net2
```

```
Switch(VLAN)#exit
Switch#configure terminal
Switch(config)#interface f0/3
Switch(config-if)#switchport mode access
Switch(config-if)#switchport access VLAN 2
Switch(config-if)#exit
Switch(config)#interface f0/1
Switch(config-if)#switchport mode trunk
Switch(config-if)#switchport trunk allowed VLAN all
Switch(config-if)#no shutdown
```

（2）在路由器上配置子端口，并设置 ip 等信息。

```
Router(config)#interface f0/0
Router(config-if)#no shutdown
Router(config)#interface f0/0.1                    (创建子端口 f0/0.1)
Router(config-subif)#encapsulation dot1q 1    (指明 VLAN1 流量及封装类型为 dot1q)
Router(config-subif)#ip address 192.168.1.1 255.255.255.0
                                             (设置子端口 ip 和子网掩码)
Router(config-subif)#no shutdown
Router(config-subif)#exit
Router(config)#interface f0/0
Router(config-if)#interface f0/0.2
Router(config-subif)#encapsulation dot1q 2
Router(config-subif)#ip address 192.168.2.1 255.255.255.0
Router(config-subif)#no shutdown
Router(config-subif)#end
Router#show ip route
Codes: C-connected, S-static, I-IGRP, R-RIP, M-mobile, B-BGP
       D-EIGRP, EX-EIGRP external, O-OSPF, IA-OSPF inter area
       N1-OSPF NSSA external type 1, N2-OSPF NSSA external type 2
       E1-OSPF external type 1, E2-OSPF external type 2, E-EGP
       i-IS-IS, L1-IS-IS level-1, L2-IS-IS level-2, ia-IS-IS inter area
       *-candidate default, U-per-user static route, o-ODR
       P-periodic downloaded static route
Gateway of last resort is not set
C    192.168.1.0/24 is directly connected, FastEthernet0/0.1    (直连路由)
C    192.168.2.0/24 is directly connected, FastEthernet0/0.2    (直连路由)
```

5. 实训要求

本次实训后小结，需要写清楚实训操作过程中出现的问题，以及解决办法。

实训任务 19　三层交换实现 VLAN 间路由

1. 实训目的

（1）理解三层交换的路由原理。

（2）掌握配置三层交换机实现跨 VLAN 通信的方法。

（3）熟练掌握三层交换功能在实际企业级网络工程中的应用。

2. 实训器材

（1）思科某型号的三层交换机与二层交换机各 1 台。

（2）直通网线和配置线，PC 若干台。

（3）或者使用 Cisco Packet Tracer 模拟器。

3. 实训说明

（1）若第三层交换机 MSW 收到 VLAN2 中主机 PC1 发往 VLAN3 中主机 PC3 的数据包时，就将该数据包发给交换机的路由模块（虚拟路由器）。路由模块使用 ARP 协议解析出接收方的 MAC 地址，将地址解析信息写入二层交换的 MAC 地址表中，以后交换机就可以根据 MAC 地址中的记录直接为主机 PC1 和主机 PC2 转发数据了。这就是所谓的"一次路由，随后交换"。

（2）网络拓扑图如图 10-7 所示。

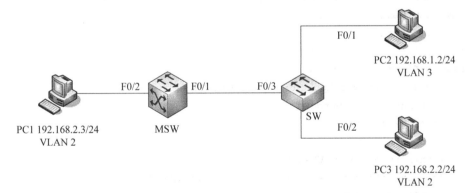

图 10-7　实训任务 19 的网络拓扑图

4. 实训内容和步骤

（1）配置交换机 SW。

```
Switch(config)#hostname sw
sw(config)#exit
sw#vlan database
sw(vlan)#VLAN 2 name NetA
```

```
sw(vlan)#VLAN 3 name NetB
sw(vlan)#exit
sw#configure terminal
sw(config)#interface f0/1
sw(config-if)#switchport mode access
sw(config-if)#switchport access VLAN 3
sw(config-if)#no shutdown
sw(config-if)#exit
sw(config)#interface f0/2
sw(config-if)#switchport mode access
sw(config-if)#switchport access VLAN 2
sw(config-if)#exit
sw(config)#interface f0/3
sw(config-if)#switchport mode trunk
sw(config-if)#switchport trunk allowed VLAN all
sw(config-if)#no shutdown
sw(config-if)#exit
```

（2）配置三层交换机 MSW。

```
Switch(config)#hostname msw
msw(config)#exit
msw#VLAN database
msw(VLAN)#VLAN 2 name NetA
msw(VLAN)#VLAN 3 name NetB
msw(VLAN)#exit
msw#configure terminal
msw(config)#interface f0/1
msw(config-if)#switchport mode trunk
msw(config-if)#switchport trunk allowed VLAN all
msw(config-if)#no shutdown
msw(config-if)#exit
msw(config)#ip routing
msw(config)#interface VLAN 2
msw(config-if)#ip address 192.168.2.1 255.255.255.0
msw(config-if)#no shutdown
msw(config-if)#exit
msw(config)#interface VLAN 3
msw(config-if)#ip address 192.168.1.1 255.255.255.0
msw(config-if)#no shutdown
msw(config-if)#exit
msw(config)#interface f0/2
msw(config-if)#switchport mode access
msw(config-if)#switchport access VLAN 2
msw(config-if)#no shutdown
```

```
msw(config-if)#exit
msw(config)#exit
```

（3）查看在 msw 上路由。

```
msw#show ip route
Codes: C-connected, S-static, I-IGRP, R-RIP, M-mobile, B-BGP
       D-EIGRP, EX-EIGRP external, O-OSPF, IA-OSPF inter area
       N1-OSPF NSSA external type 1, N2-OSPF NSSA external type 2
       E1-OSPF external type 1, E2-OSPF external type 2, E-EGP
       i-IS-IS, L1-IS-IS level-1, L2-IS-IS level-2, ia-IS-IS inter area
       *-candidate default, U-per-user static route, o-ODR
       P-periodic downloaded static route
Gateway of last resort is not set
C   192.168.1.0/24 is directly connected, VLAN3
C   192.168.2.0/24 is directly connected, VLAN2
```

5. 实训要求

本次实训后小结，需要写清楚实训操作过程中出现的问题，以及解决办法。

实训任务 20　RIP 动态路由协议应用

1. 实训目的

（1）掌握距离矢量路由协议的简单工作原理。
（2）掌握 RIP 协议的基本特征及工作过程。
（3）熟练掌握 RIP 协议在实际网络工程中的应用。

2. 实训器材

（1）思科某型号的路由器 3 台。
（2）串口线、交叉线和配置线，PC 若干台。
（3）或者使用 Cisco Packet Tracer 模拟器。

3. 实训说明

（1）根据图 10-8 所示，分别配置 3 个路由器的 RIP（假定各路由器的端口配置已完成）。如何使用路由器 RIP 协议的功能，实现全网互连互通。
（2）网络拓扑图如图 10-8 所示。

4. 实训内容和步骤

（1）在路由器 RA 上配置 RIP 和 IP 地址。

```
Router(config)#hostname RA
```

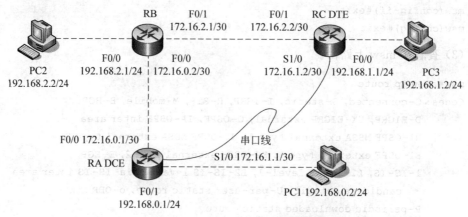

图 10-8　实训任务 20 的网络拓扑图

```
RA(config)#router rip                                    (使用 RIP 路由协议)
RA(config-router)#version 2                              (使用 RIPv2)
RA(config-router)#network 192.168.0.0                    (指定与该路由器直接相连的网络)
RA(config-router)#network 172.16.0.0                     (指定与该路由器直接相连的网络)
RA(config-router)#network 172.16.1.0                     (指定与该路由器直接相连的网络)
RA(config-router)#exit
RA(config)#interface f0/1
RA(config-if)#ip address 192.168.0.1 255.255.255.0
RA(config-if)#no shutdown
RA(config-if)#exit
RA(config)#interface s1/0
RA(config-if)#ip address 172.16.1.1 255.255.255.252
RA(config-if)#clock rate 64000
RA(config-if)#bandwidth 64
RA(config-if)#no shutdown
RA(config-if)#exit
RA(config)#interface f0/0
RA(config-if)#ip address 172.16.0.1 255.255.255.252
RA(config-if)#no shutdown
RA(config-if)#exit
```

（2）在路由器 RB 上配置 RIP。

```
Router(config)#hostname RB
RB(config)#router rip
RB(config-router)#version 2
RB(config-router)#network 192.168.2.0
RB(config-router)#network 172.16.0.0
RB(config-router)#network 172.16.2.0
RB(config-router)#exit
RB(config)#interface f0/0
```

```
RB(config-if)#ip address 172.16.0.2 255.255.255.252
RB(config-if)#no shutdown
RB(config-if)#interface f0/1
RB(config-if)#ip address 172.16.2.1 255.255.255.252
RB(config-if)#no shutdown
RB(config-if)#exit
RB(config)#interface f1/0
RB(config-if)#ip address 192.168.2.1 255.255.255.0
RB(config-if)#no shutdown
RB(config-if)#exit
```

（3）在路由器 RC 上配置 RIP。

```
Router(config)#hostname RC
RC(config)#router rip
RC(config-router)#version 2
RC(config-router)#network 192.168.1.0
RC(config-router)#network 172.16.1.0
RC(config-router)#network 172.16.2.0
RC(config-router)#exit
RC(config)#interface f0/0
RC(config-if)#ip address 192.168.1.1 255.255.255.0
RC(config-if)#no shutdown
RC(config-if)#exit
RC(config)#interface s1/0
RC(config-if)#ip address 172.16.1.2 255.255.255.252
RC(config-if)#bandwidth 64
RC(config-if)#no shutdown
RC(config-if)#exit
RC(config)#interface f0/1
RC(config-if)#ip address 172.16.2.2 255.255.255.252
RC(config-if)#no shutdown
RC(config-if)#exit
```

配置完 RIP 后,路由器会把自己的路由信息广播给相邻的路由器,各路由器通过学习获得其他路由器的路由信息,生成各自的路由表。

（4）测试路由的正确性。

在 PC1,PC2 和 PC3 上使用 ping 命令可检查三个 PC 之间的网路都是连通的。如在 PC1 上运行以下命令结果为:

```
PC> ping 192.168.0.2
Pinging 192.168.0.2 with 32 bytes of data:
Reply from 192.168.0.2: bytes=32 time=30ms TTL=126
Reply from 192.168.0.2: bytes=32 time=30ms TTL=126
Reply from 192.168.0.2: bytes=32 time=30ms TTL=126
```

Reply from 192.168.0.2: bytes=32 time=30ms TTL=126
Ping statistics for 192.168.0.2:
    Packets: Sent=4, Received=4, Lost=0   (0% loss),
Approximate round trip times in milli-seconds:
    Minimum=30ms, Maximum=30ms, Average=30ms

在各路由器的路由表中也能反映出这种连通性。以 RA 为例,其路由信息如下:

RA#show ip route   (也可使用 show ip route rip 查看主要的 RIP 路由信息)
Codes: C-connected, S-static, I-IGRP, R-RIP, M-mobile, B-BGP
       D-EIGRP, EX-EIGRP external, O-OSPF, IA-OSPF inter area
       N1-OSPF NSSA external type 1, N2-OSPF NSSA external type 2
       E1-OSPF external type 1, E2-OSPF external type 2, E-EGP
       i-IS-IS, L1-IS-IS level-1, L2-IS-IS level-2, ia-IS-IS inter area
       * -candidate default, U-per-user static route, o-ODR
       P-periodic downloaded static route
Gateway of last resort is not set
     172.16.0.0/30 is subnetted, 3 subnets
C   172.16.0.0 is directly connected, FastEthernet0/0
C   172.16.1.0 is directly connected, Serial1/0
R   172.16.2.0 [120/1] via 172.16.0.2, 00:00:21, FastEthernet0/0
                [120/1] via 172.16.1.2, 00:00:21, Serial1/0
C   192.168.0.0/24 is directly connected, FastEthernet0/1
R   192.168.1.0/24 [120/1] via 172.16.1.2, 00:00:09, Serial1/0
R   192.168.2.0/24 [120/1] via 172.16.0.2, 00:00:09, FastEthernet0/0

由此可以看出,标识为 R 的路由信息为 RIP 路由信息,是从路由器通过学习而自动生成的。

在 PC1 上使用 trace 命令跟踪到地址 192.168.0.2 的路由。在控制台上可以看到只需经过一跳之后就到达目标地址,跟踪过程如下:

PC> tracert 192.168.0.2   (跟踪路由)
Tracing route to 192.168.0.2 over a maximum of 30 hops:
    1   10 ms   10 ms   10 ms   192.168.2.1
    2   20 ms   20 ms   20 ms   172.16.0.1
    3   30 ms   30 ms   30 ms   192.168.0.2

动态路由的灵活性体现在当有链路出现故障时,路由算法会把改变后的网络拓扑反映在路由表上。例如,把 RA 和 RB 之间的链路断开,一段时间后,再检查 RA 的路由表,会发现去往 RB 路由的下一跳只剩下 172.16.1.2 了,而去往 192.168.2.0/24 的下一跳也修改为 172.16.1.2。

RA#show ip route
Codes: C-connected, S-static, I-IGRP, R-RIP, M-mobile, B-BGP
       D-EIGRP, EX-EIGRP external, O-OSPF, IA-OSPF inter area
       N1-OSPF NSSA external type 1, N2-OSPF NSSA external type 2

```
        E1-OSPF external type 1, E2-OSPF external type 2, E-EGP
        i-IS-IS, L1-IS-IS level-1, L2-IS-IS level-2, ia-IS-IS inter area
        *-candidate default, U-per-user static route, o-ODR
        P-periodic downloaded static route
Gateway of last resort is not set
        172.16.0.0/30 is subnetted, 2 subnets
C       172.16.1.0 is directly connected, Serial1/0
R       172.16.2.0 [120/1] via 172.16.1.2, 00:00:17, Serial1/0
C       192.168.0.0/24 is directly connected, FastEthernet0/1
R       192.168.1.0/24 [120/1] via 172.16.1.2, 00:00:17, Serial1/0
R       192.168.2.0/24 [120/2] via 172.16.1.2, 00:00:17, Serial1/0
```

5. 实训要求

本次实训后小结,需要写清楚实训操作过程中出现的问题,以及解决办法。

实训任务 21　　EIGRP 动态路由协议应用

1. 实训目的

(1) 理解 EIGRP 协议的工作原理。
(2) 理解 IGRP 与 EIGRP 协议的区别。
(3) 掌握 EIGRP 的汇总与认证的配置以及非等价负载均衡。

2. 实训器材

(1) 思科某型号的路由器 3 台。
(2) 串口线、交叉网线和配置线,PC 若干台。
(3) 或者使用 Cisco Packet Tracer 模拟器。

3. 实训说明

(1) 根据图 10-9 所示,分别配置 3 个路由器的 EIRP(假定各路由器的端口配置已完成)。如何使用路由器 EIRP 协议的功能,实现全网互连互通。
(2) 网络拓扑图如图 10-9 所示。

4. 实训内容和步骤

(1) 在 RA 上配置 EIGRP。

```
RA(config)#no router rip
RA(config)#router eigrp 100
RA(config-router)#network 192.168.0.0 0.0.0.255
RA(config-router)#network 172.16.1.0 0.0.0.3
RA(config-router)#network 172.16.0.0 0.0.0.3
```

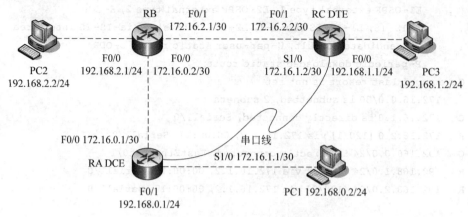

图 10-9　实训任务 21 的网络拓扑图

```
RA(config-router)#no auto-summary
RA(config-router)#end
```

（2）在 RB 上配置 EIGRP。

```
RB(config)#no router rip
RB(config)#router eigrp 100
RB(config-router)#network 192.168.2.0 0.0.0.255
RB(config-router)#network 172.16.0.0 0.0.0.3
RB(config-router)#network 172.16.2.0 0.0.0.3
RB(config-router)#no auto-summary
RB(config-router)#end
```

（3）在 RC 上配置 EIGRP。

```
RC(config)#no router rip
RC(config)#router eigrp 100
RC(config-router)#network 192.168.1.0 0.0.0.255
RC(config-router)#network 172.16.2.0 0.0.0.3
RC(config-router)#network 172.16.1.0 0.0.0.3
RC(config-router)#no auto-summary
RC(config-router)#end
```

（4）验证 EIGRP 配置。

在 RA 上查看路由，标识为 D 的表示为通过 EIGRP 协议学习到的路由信息：

```
RA#show ip route
Codes: C-connected, S-static, I-IGRP, R-RIP, M-mobile, B-BGP
       D-EIGRP, EX-EIGRP external, O-OSPF, IA-OSPF inter area
       N1-OSPF NSSA external type 1, N2-OSPF NSSA external type 2
       E1-OSPF external type 1, E2-OSPF external type 2, E-EGP
       i-IS-IS, L1-IS-IS level-1, L2-IS-IS level-2, ia-IS-IS inter area
       *-candidate default, U-per-user static route, o-ODR
```

```
        P-periodic downloaded static route
Gateway of last resort is not set
     172.16.0.0/30 is subnetted, 3 subnets
C    172.16.0.0 is directly connected, FastEthernet0/0
C    172.16.1.0 is directly connected, Serial1/0
D    172.16.2.0 [90/30720] via 172.16.0.2, 00:03:45, FastEthernet0/0
C    192.168.0.0/24 is directly connected, FastEthernet0/1
D    192.168.1.0/24 [90/33280] via 172.16.0.2, 00:01:49, FastEthernet0/0
D    192.168.2.0/24 [90/30720] via 172.16.0.2, 00:04:08, FastEthernet0/0
```

5. 实训要求

本次实训后小结，需要写清楚实训操作过程中出现的问题，以及解决办法。

思考习题

1. DTE 与 DCE 设备，哪一端需要配置时钟频率？
2. 静态路由与动态路由有什么区别？
3. 什么是超网和路由汇聚？
4. 静态路由在实际网络工程的何种情况下使用？
5. VLAN 之间要进行通信必须经过三层设备或带有路由功能的设备吗？
6. 单臂路由实现不同 VLAN 之间的通信与三层交换的路由有何异同？
7. RIPv1 与 RIPv2 在实际网络工程中的差别是什么？
8. RIP 的 Metric 是如何计算而来的？它有什么缺陷？
9. EIGRP 协议在实际网络工程的何种情况下使用？

第 6 篇
网络服务器配置及应用

第11章 Windows 服务器操作系统的安装

工作情境描述

在"互联网＋"的大背景下,某大型企业正在进行企业信息化建设,需要建立自己的数据信息中心,准备购置专业服务器,配置 WWW、FTP、DNS 等网络服务。你将如何实施?首先需要安装服务器操作系统,现在需要用到服务器操作系统的安装及相关配置技术。

本章以 Windows Server 2012 为例。

11.1 Windows Server 2012 简介

Windows Server 2012(开发代号:Windows Server 8)是微软的一个服务器系统。这是 Windows 8 的服务器版本,并且是 Windows Server 2008 R2 的继任者。该操作系统已经在 2012 年 8 月 1 日完成编译 RTM 版,并且在 2012 年 9 月 4 日正式发售。

11.1.1 Windows Server 2012 的新特性

用户界面:简化服务器管理。跟 Windows 8 一样,重新设计服务器管理器,采用 Metro 界面(核心模式除外)。在这个 Windows 系统中,PowerShell 已经有超过 2300 条命令开关(Windows Server 2008 R2 才有 200 多个)。而且,部分命令可以自动完成。

任务管理器:Windows Server 2012 跟 Windows 8 一样,拥有全新的任务管理器(旧的版本已经被删除并取代)。在新版本中,隐藏选项卡的时候默认只显示应用程序。在"进程"选项卡中,以色调来区分资源利用。它列出了应用程序名称、状态以及 CPU、内存、硬盘和网络的使用情况。在"性能"选项卡中,CPU、内存、硬盘、以太网和 Wi-Fi 以菜单的形式分开显示。CPU 方面,虽然不显示每个线程的使用情况,不过它可以显示每个 NUNA 节点的数据。当逻辑处理器超过 64 个的时候,就以不同色调和百分比来显示每个逻辑处理器的使用情况。将鼠标悬停在逻辑处理器,可以显示该处理器的 NUNA 节点和 ID(如果可用)。此外,在新版任务管理器中,已经增加了"启动"选项卡(在 Windows Server 2012 中没有)。并且,可以识别 Windows Store 应用的挂起状态。

- 安装选项:Windows Server 2012 可以随意在服务器核心(只有命令提示符)和图形界面之间切换。默认推荐服务器核心模式。可以选择核心模式和 GUI 模式,可以选择核心模式和 GUI 模式(两张)。
- IP 地址管理:Windows Server 2012 有一个 IP 地址管理,其作用在发现、监控、审计和管理在企业网络上使用的 IP 地址空间。IPAM 对 DHCP 和 DNS 进行管理和监控。IPAM 包括：自定义 IP 地址空间的显示、报告和管理；审核服务器配置更改和跟踪 IP 地址的使用；DHCP 和 DNS 的监控和管理；完整支持 IPv4 和 IPv6。

- Active Directory：相对于 Windows Server 2008 R2 来说，Windows Server 2012 的 Active Directory 已经有了一系列的变化。Active Directory 安装向导已经出现在服务器管理器中，并且增加了 Active Directory 的回收站。在同一个域中，密码策略可以更好地区分。Windows Server 2012 中的 Active Directory 已经出现了虚拟化技术。虚拟化的服务器可以安全地克隆。简化 Windows Server 2012 的域级别，它完全可以在服务器管理器中进行。Active Directory 联合服务已经集成到系统中，并且声称已经加入了 Kerberos 令牌。可以使用 Windows PowerShell 命令的"PowerShell 历史记录查看器"查看 Active Directory 操作。

- Hyper-V：Windows Server 2012 跟 Windows 8 一样，包含一个全新的 Hyper-V。许多功能已经添加到 Hyper-V 中，包括网络虚拟化、多用户、存储资源池、交叉连接和云备份。另外，许多老版本的限制已经被解除。这个版本中的 Hyper-V 可以访问多达 64 个处理器，1TB 的内存和 64TB 的虚拟磁盘空间（仅限 vhdx 格式）。最多可以同时管理 1024 个虚拟主机以及 8000 个故障转移群集。在 Windows 8 中附带的客户端版本需要一个支持并打开 SLAT 就可以使用。而在 Windows Server 2012 中，则只需要安装 RemoteFX。

- IIS8.0：Windows Server 2012 已经包含了 IIS8.0。新版本可以限制特定网站的 CPU 占用。

- 可扩展性：Windows Server 2012 支持以下最大的硬件规格；64 个物理处理器；640 个逻辑处理器（关闭 Hyper-V，打开就支持 320 个）；4TB 内存；64 个故障转移群集节点。

- 存储：Windows Server 2012 发布，一些存储相关的功能和特性也随之更新，很多都是与 Hyper-V 安装相关的，很多功能都可以减少预算并提高效率，可能会涉及重复数据删除、iSCSI、存储池及其他功能。

11.1.2　Windows Server 2012 的不同版本

Windows Server 2012 有 4 个版本：Foundation，Essentials，Standard 和 Datacenter。

- Windows Server 2012 Essentials 面向中小企业，用户限定在 25 位以内，该版本简化了界面，预先配置云服务连接，不支持虚拟化。

- Windows Server 2012 标准版提供完整的 Windows Server 功能，限制使用两台虚拟主机。

- Windows Server 2012 数据中心版提供完整的 Windows Server 功能，不限制虚拟主机数量。

- Windows Server 2012 Foundation 版本仅提供给 OEM 厂商，限定用户 15 位，提供通用服务器功能，不支持虚拟化。

11.1.3　Windows Server 2012 的硬件配置要求

服务器硬件最低配置要求：
* 1. 4GHz 的 64 位处理器。
* 512MB 的内存。
* 32GB 硬盘空间(如果有 16GB 的内存)。
* 支持 Windows Server 2008 R2 的服务器也支持 Windows Server 2012。

11.2　Windows 文件系统

在所有计算机中,都有文件系统,它规定了计算机对文件和文件夹进行操作处理的各种标准和机制。FAT16,FAT32 和 NTFS 是目前最常见的 Windows 文件系统。
* FAT16：以前用的 DOS 和 Windows 95 都使用 FAT16 文件系统,现在常用的 Windows 98/2000/XP 等系统均支持 FAT16 文件系统。它可以支持的最大分区为 2GB,但每个分区最多只能有 65525 个簇(簇是磁盘空间的配置单位)。随着硬盘或分区容量的增大,每个簇所占的空间将越来越大,从而导致硬盘空间的浪费。
* FAT32：随着大容量硬盘的出现,从 Windows 98 开始,FAT32 开始流行。它是 FAT16 的增强版本,可以支持大到 2TB(2048GB)的分区。FAT32 使用的簇比 FAT16 小,从而有效地节约了硬盘空间。
* NTFS：NTFS 是微软 Windows NT 内核系列操作系统所支持的一种特别为网络和磁盘配额、文件加密等管理安全特性而设计的磁盘格式。随着以 NT 为内核的 Windows 2000 /2003/2008 的普及,很多个人用户开始用到了 NTFS。NTFS 也是以簇为单位来存储数据文件,但 NTFS 中簇的大小并不依赖于磁盘或分区的大小。簇尺寸的缩小不但降低了磁盘空间的浪费,还减少了产生磁盘碎片的可能。NTFS 支持文件加密管理功能,可为用户提供更高层次的安全保证。

11.3　Windows Server 2012 的安装过程

11.3.1　安装准备

(1) 准备好 Windows Server 2012 安装光盘。
(2) 用纸张记录安装文件的产品密匙(安装序列号)。
(3) 如果安装过程中需格式化 C 盘或 D 盘(建议安装过程中格式化用于安装 Windows Server 2012 系统的分区),请备份 C 盘或 D 盘有用的数据。

11.3.2　安装过程

(1) 把 Windows Server 2012 光盘放入光驱里,服务器通过光驱启动,正式进行

Windows Server 2012 安装向导,如图 11-1 所示。

图 11-1　Windows Server 2012 安装启动

(2) 在图 11-2 所示的窗口中,提示默认选择语言"中文(简体,中国)",单击"下一步"按钮。

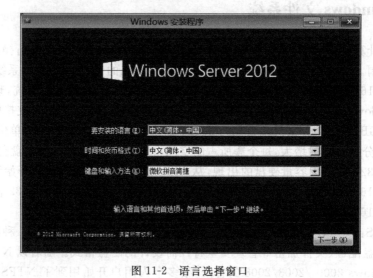

图 11-2　语言选择窗口

(3) 在图 11-3 所示的窗口中,单击"现在安装"按钮;注:若是修复 Windows Server 2012 操作系统的相关程序,请单击"修复计算机(R)"文字。

图 11-3　Windows Server 2012 现在安装界面

（4）在图 11-4 所示的窗口中，选择安装 Windows Server 2012 操作系统的版本，单击"下一步"按钮。

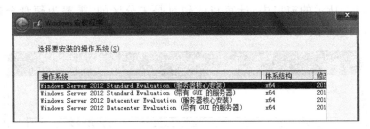

图 11-4　选择要安装的 Windows Server 2012 版本界面

（5）在图 11-5 所示的窗口中，选择"我接受许可条款（A）"项，单击"下一步"按钮。

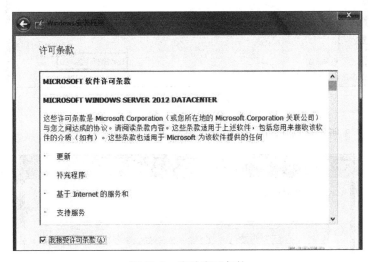

图 11-5　接受许可条款

（6）在图 11-6 所示的窗口中，选择"自定义：仅安装 Windows（高级）"选项。注：若是升级安装 Windows Server 2012 操作系统，就选择"升级：安装 Windows 并保留文件、设置和应用"选项。

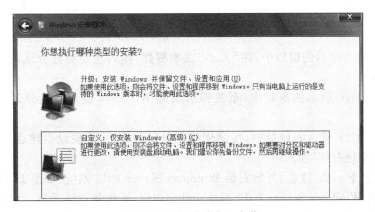

图 11-6　选择哪种类型安装

(7) 对硬盘进行分区,并选择系统分区进行 Windows Server 2012 安装。注:新硬盘一定要分区的,若是重新安装操作系统,根据实际情况,考虑是否重新分区。

① 在图 11-7 所示的窗口中,计算机的硬盘是未分区的,需要为硬盘合理分区,单击"驱动器选项(高级)"按钮。

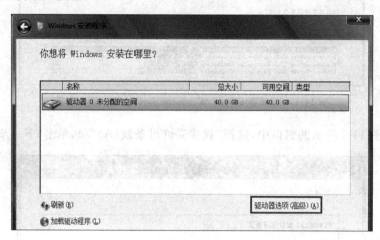

图 11-7 选择分区

② 在图 11-8 所示的窗口中,单击"新建"按钮。

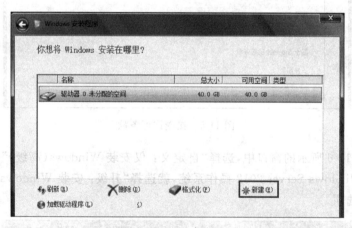

图 11-8 新建分区

③ 在图 11-9 所示的窗口中,在"大小"文本框处,输入想要创建分区的大小,然后单击"应用"按钮。

④ 在图 11-10 所示的窗口中,系统提示要为 Windows 创建默认分区,单击"确定"按钮。

⑤ 在图 11-11 所示的窗口中,按照创建主分区的方法,为硬盘创建逻辑分区;然后,选择新建的"系统分区"项。

(8) 单击"下一步"按钮,开始安装 Windows Server 2012 系统,如图 11-12 所示。

(9) 安装 Windows Server 2012 系统文件完成后,系统将自动重启,然后安装设备驱动程序,如图 11-13 所示。

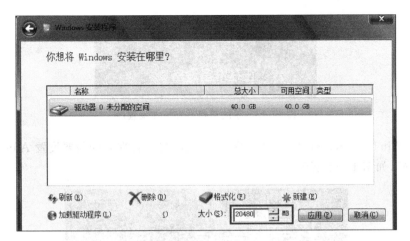

图 11-9　设置分区大小

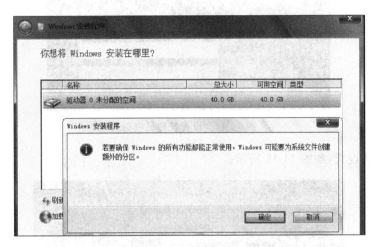

图 11-10　创建主分区

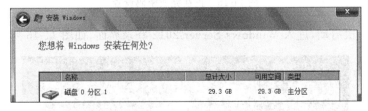

图 11-11　创建扩展分区

图 11-12　复制 Windows 系统文件

图 11-13　系统重启并安装驱动程序

（10）Windows Server 2012 操作系统安装成功后，首次启动需要设置 Administrator 管理员密码，如图 11-14 所示。

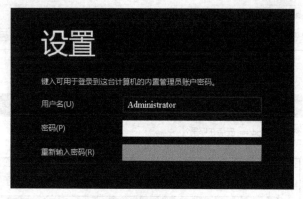

图 11-14　设置管理员密码

（11）完成设置，如图 11-15 所示。

图 11-15　正在完成密码设置

（12）第一次启动，进入 Windows Server 2012 登录界面，如图 11-16 所示。

图 11-16　第一次登录 Windows 界面

（13）输入本地管理员密码登录，如图 11-17 所示。

（14）成功登录 Windows Server 2012 服务器操作系统桌面，如图 11-18 所示。

至此，Windows Server 2012 的安装就完成了。

总的来说，Windows Server 2012 作为一款最新的开放性服务器操作系统平台，相比上一代产品，此次改进很大，不仅提供了更多增强型功能，而且也立足于云环境和虚拟化

图 11-17　输入管理员密码

图 11-18　Windows Server 2012 服务器操作系统桌面

平台,为不同应用场景和行业用户,提供动态灵活的扩展性和简易高效的管理体验,能够满足企业用户不同业务需求,也能满足跨平台终端用户访问资源平台的需要。

实训任务 22　Windows Server 2012 服务器操作系统安装

1. 实训目的

(1) 掌握 Windows Server 2012 网络操作系统的安装方法。

(2) 熟悉常见的 Windows Server 2012 网络操作系统的配置工作,掌握相应的配置方法与步骤。

(3) 掌握 Virtual PC 的用法。

2. 实训器材

(1) 64 位 PC 一台。

(2) Windows Server 2012 网络操作系统的光盘或者其 ISO 镜像安装源文件。

(3) Virtual PC 或者 VMware Workstation。

3. 实训说明

(1) 在 64 位 PC 上安装 Virtual PC 或者 VMware Workstation 虚拟机软件。

（2）在虚拟机或者专业服务器上安装 Windows Server 2012 网络操作系统。

4. 实训内容和步骤

（1）把 Windows Server 2012 光盘放入光驱里，服务器通过光驱启动，正式进行 Windows Server 2012 安装，如图 11-19 所示。

图 11-19　实训任务 22 示例 1

（2）提示默认选择语言"中文（简体，中国）"，单击"下一步"按钮，如图 11-20 所示。

图 11-20　实训任务 22 示例 2

（3）单击"现在安装"按钮，如图 11-21 所示。

图 11-21　实训任务 22 示例 3

（4）选择安装 Windows Server 2012 操作系统的版本，单击"下一步"按钮，如图 11-22 所示。

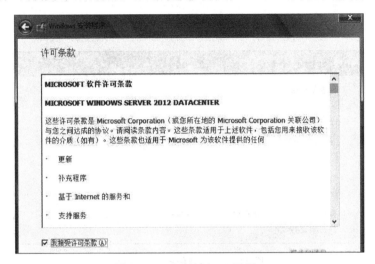

图 11-22 实训任务 22 示例 4

（5）选择"我接受许可条款（A）"项，单击"下一步"按钮，如图 11-23 所示。

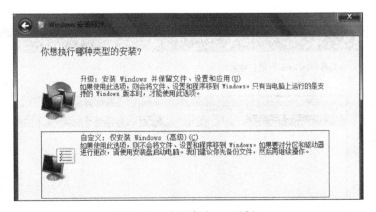

图 11-23 实训任务 22 示例 5

（6）选择"自定义：仅安装 Windows（高级）"选项，如图 11-24 所示。

图 11-24 实训任务 22 示例 6

（7）对硬盘进行分区，并选择系统分区进行 Windows Server 2012 安装。

① 单击"驱动器选项（高级）"按钮，如图 11-25 所示。

② 单击"新建"按钮，如图 11-26 所示。

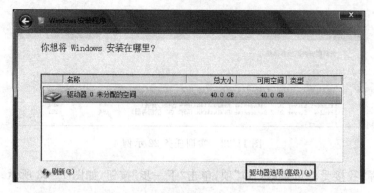

图 11-25 实训任务 22 示例 7

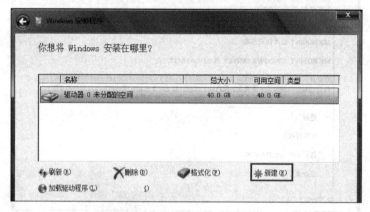

图 11-26 实训任务 22 示例 8

③ 在"大小"文本框处,输入想要创建分区的大小,然后单击"应用"按钮,如图 11-27 所示。

图 11-27 实训任务 22 示例 9

④ 系统提示要为 Windows 创建默认分区，单击"确定"按钮，如图 11-28 所示。

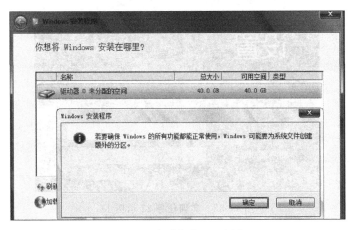

图 11-28 实训任务 22 示例 10

⑤ 选择新建的"系统分区"项，如图 11-29 所示。

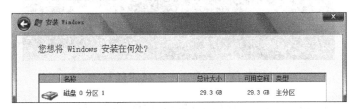

图 11-29 实训任务 22 示例 11

（8）单击"下一步"按钮，开始安装 Windows Server 2012 系统，如图 11-30 所示。

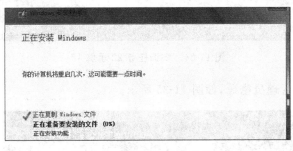

图 11-30 实训任务 22 示例 12

（9）安装 Windows Server 2012 系统文件完成后，系统将自动重启，然后安装设备驱动程序，如图 11-31 所示。

图 11-31 实训任务 22 示例 13

(10) 安装成功,首次要设置 Administrator 管理员密码,如图 11-32 所示。

图 11-32　实训任务 22 示例 14

(11) 完成设置,如图 11-33 所示。

图 11-33　实训任务 22 示例 15

(12) 进入 Windows Server 2012 登录界面,如图 11-34 所示。

图 11-34　实训任务 22 示例 16

(13) 输入本地管理员密码,如图 11-35 所示。

图 11-35　实训任务 22 示例 17

(14) 成功登录 Windows Server 2012 服务器操作系统桌面,如图 11-36 所示。
至此,Windows Server 2012 安装完成。

图 11-36　实训任务 22 示例 18

5. 实训要求

本次实训后小结,需要写清楚实训操作过程中出现的问题,以及解决办法。

思考习题

1. Windows 服务器操作系统有哪些不同版本,有何异同点?

2. 在专业服务器上安装 Windows Server 2012 操作系统与在 64 位的 PC 真机上安装有什么区别?

3. 在虚拟机上安装 Windows Server 2012 操作系统与在 64 位的 PC 真机上安装有什么区别?

4. Windows Server 2012 与 Windows Server 2008 R2 网络操作系统有何区别?

第12章 Windows Server 2012 网络服务

本章主要介绍如何在 Windows Server 2012 中配置 Web 服务器、FTP 服务器、DNS 服务器和 DHCP 服务器，实现企业内网能够提供 WWW，FTP，DNS 和 DHCP 服务。

12.1 安装 IIS 服务组件

当前使用的网络服务器操作系统的版本为 Windows Server 2012 R2，如图 12-1 所示，内核是 NT6.3，Internet 信息服务组为 IIS8.5。

图 12-1　Windows Server 2012 R2 版本

IIS 是 Internet Information Services(Internet 信息服务)的缩写，是一个 World Wide Web server。Gopher server 和 FTP server 全部包含在里面。IIS 意味着能发布网页，并且有 ASP(Active Server Pages)、JAVA、VBscript 产生页面，有着一些扩展功能。其次，IIS 是随 Windows NT Server 4.0 一起提供的文件和应用程序服务器，是在 Windows NT Server 上建立 Internet 服务器的基本组件。它与 Windows NT Server 完全集成，允许使用 Windows NT Server 内置的安全性以及 NTFS 文件系统建立强大灵活的 Internet/Intranet 站点。IIS 是一种 Web(网页)服务组件，其中包括 Web 服务器、FTP 服务器、NNTP 服务器和 SMTP 服务器，分别用于网页浏览、文件传输、新闻服务和邮件发送等方面。

在配置 Web 和 FTP 服务器之前，首先要确定是否安装了 Web 和 FTP 服务器的组件，安装 Web 和 FTP 服务器组件的具体步骤如下。

(1) 打开 Windows Server 2012 的"服务器管理器"，选择"管理"→"添加角色和功能"菜单，如图 12-2 所示。

(2) 进入"添加角色和功能向导"窗口界面，选择"Web 服务器(IIS)"复选框，如图 12-3 所示。

图 12-2　添加角色和功能

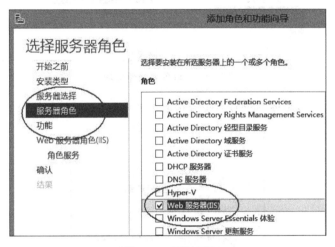

图 12-3　选择 IIS

（3）根据服务器将来提供 Web 系统的实际情况，选择对应功能选项，这里选择
".NET Framework 3.5 功能"复选框，如图 12-4 所示。

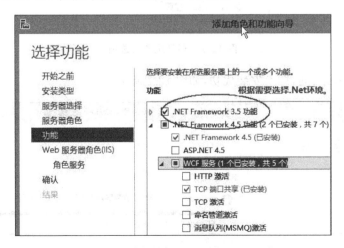

图 12-4　选择".NET Framework 3.5 功能"

（4）安装"角色服务"，选择对应的安全性选项，如图 12-5 所示。

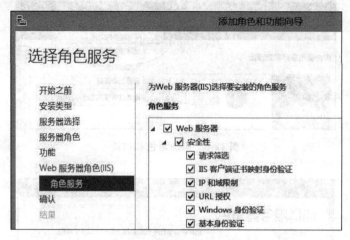

图 12-5　角色安全性选项

（5）选择"FTP 服务器"，以及开设主机必须要用的"管理工具"，如图 12-6 所示。

图 12-6　FTP 服务器选项

（6）等待一段时间，即可安装成功，如图 12-7 所示。

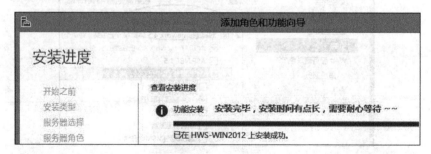

图 12-7　安装成功

（7）安装完毕，打开 IIS 管理器查看，如图 12-8 所示。

图 12-8　查看 IIS 管理器

（8）打开 IIS 管理器，看到程序池，站点，至此，在 Windows Server 2012 下安装 IIS 已经成功，如图 12-9 所示。

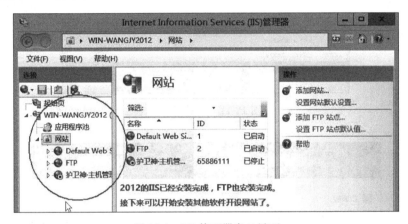

图 12-9　IIS 管理器窗口界面

12.2　配置 Web 服务器

Web 服务是 Internet 上提供的基本服务，Web 服务器则是专门处理并响应用户的 HTTP 请求的服务器，它传送服务页面而使用户的浏览器可以浏览这些页面。在 Web 服务的应用环境中，有两种角色同时存在，一个是 Web 客户端，另一个则是 Web 服务器。平常使用的 IE 浏览器就是一个 Web 客户端软件，而一个个网站则对应着一个个 Web 服务器。

Web 服务器的配置方法如下：

（1）查看 Windows Server 2012 IIS8.0 安装和运行结果：打开 Internet Explprer10 浏览器，输入本机公网 IP，或者本机内网 IP，或 localhost 都可以，看到 IIS8.0 界面显示出来了，如图 12-10 所示。

（2）打开"Internet Information Services 8"管理器，可自由查看各项 IIS8.0 设置选项，如图 12-11 所示。

（3）启动 IIS 服务器管理控制台，如图 12-12 所示。

（4）启动界面如图 12-13 所示。

图 12-10　IIS8.0 默认主页界面

图 12-11　查看 IIS8.0

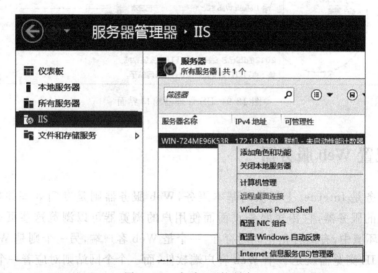

图 12-12　启动 IIS 控制台

图 12-13　IIS 启动界面

（5）选择"网站"，右击，如图 12-14 所示。

图 12-14　添加网站

（6）将网站名称输入进去，选择文件路径选择到 web 文件这一层就行，如果端口 80 占用了修改一下端口号就行，如图 12-15 所示。

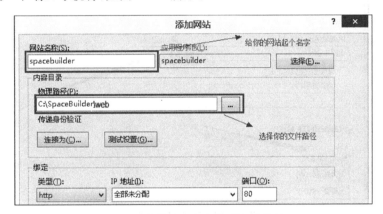

图 12-15　设置网站名称及存储位置

（7）测试站点。

12.3　配置 FTP 服务器

FTP(File Transfer Protocol，文件传输协议)是 Internet 传统的服务之一，FTP 使用户能在两台相连的计算机之间传输文件。简单来说，FTP 就是完成两台计算机之间的复制，从远程计算机复制文件至自己的计算机上，称为"下载(download)"文件；将文件从自己计算机中复制至远程计算机，称为"上传(upload)"文件。在 IIS 管理器中，有一个"默认 FTP 站点"，通过修改其属性，可以方便地建立自己的 FTP 站点。

IIS8 的 FTP 与前面 IIS 的配置都有点不一样，最大的好处是不需要调一个 IIS6 的界面来配置，具体配置步骤如下。

（1）单击 IIS 管理器窗口右侧的"添加 FTP 站点"，如图 12-16 所示。

（2）进入"添加 FTP 站点"窗口：配置 IP 地址及端口等基本设置，是否选择 SSL 项

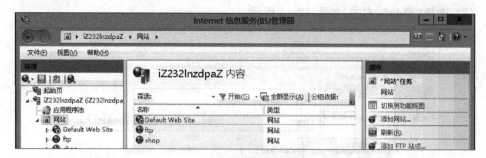

图 12-16　IIS 管理器

（一般情况下建议不使用），如图 12-17 所示。

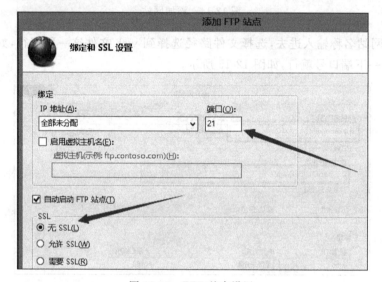

图 12-17　FTP 基本设置

（3）如果需要对账户与密码进行管理，那就从"控制面板"→"管理工具"→"计算机管理"中找到"本地用户和组"并"新建用户"（密码就是设置 FTP 密码），如图 12-18 所示。

图 12-18　FTP 账户和密码设置

（4）新建用户后，在 FTP 站中右击，选择"编辑权限"，如图 12-19 所示，选择"编辑"，然后添加图 12-18 中新建的用户，并给予"修改与写入的权限"。

图 12-19　修改 FTP 账户权限

（5）如果按照图 12-18 和图 12-19 两步设置用户，在图 12-20 中，将匿名去掉，指定用户。

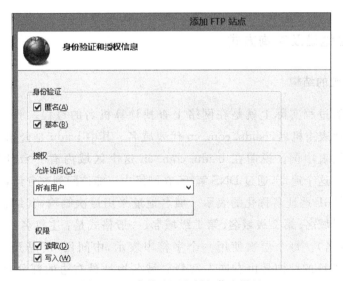

图 12-20　身份验证和授权信息设置

（6）完成相关配置后，需要重启 FTP 服务，否则会连接不上 FTP。也可在"控制面板"→"管理工具"中找到"服务"，也可以重启服务器来完成 FTP 服务的重启，如图 12-21 所示。

图 12-21　服务（本地）窗口

12.4 配置 DNS 服务器

DNS 是域名系统(Domain Name System)的简称。DNS 服务主要是将域名解析为 IP 地址。数字化的 IP 地址符合 Internet 对地址唯一性的要求,但不易记忆。在没有 DNS 服务时,如果要访问某网站,需要在 IE 浏览器里输入相应结点的 IP 地址,有了 DNS 服务之后,只须输入域名就能访问了。例如访问"百度"搜索网站,输入"百度"网站的 IP 地址 202.108.22.43 就能访问,有了 DNS 服务后,输入"百度"网站的域名 www.baidu.com 也能访问。显然,记忆有意义的域名地址 www.baidu.com 比记忆纯数字的 IP 地址 202.108.22.43 要容易得多。

所谓配置 DNS 服务,就是在服务器上建立域名和 IP 地址的一一对应关系。这样当用户输入域名时,通过 DNS 服务器转换为 IP 地址,就能在网上访问到相关的网站。如果上网时在 IE 地址栏中输入域名不能访问网站,但输入 IP 地址却能访问,这就说明 DNS 服务器出问题了。

12.4.1 域名地址及查询方式

1. 域名地址的结构

域名解析的过程实际上就是在网络上查找计算机名的过程。例如,www.baidu.com.cn,www 代表主机名,baidu.com.cn 代表域名。其中 baidu 是公司名称,com 代表商业组织,cn 代表中国。说明在 baidu.com.cn 这个区域内有一台计算机的名称是 www。当你输入这个地址,通过 DNS 解析,在网络中应能访问到这台计算机。

域名地址是 IP 地址名称化的表示。域名地址采用层次结构,其结构是:第 n 级子域名.….第 3 级域名.第 2 级域名.第 1 级域名(一般格式是:主机名.….三级域名.二级域名.一级域名)。每个层次使用一个字符串表示,中间用"."隔开,例如 www.yn-mj.com。域名地址的结构是由右向左解释。域名地址最右边的部分是域名地址层次结构的最高部分(如.com),而域名地址的最左边部分是域名地址层次结构的最低部分(如 www)。

(1) 第 1 级域名:也叫顶级域名。通常分为两种类型:

① 国家顶级域名:表示国家或区域的代码,例如 cn 表示中国,jp 表示日本,dk 表示丹麦,us 表示美国等。

② 国际顶级域名:表示机构名称代码,例如 gov 表示政府部门,edu 表示教育机构,com 表示商业组织,mil 表示军事组织,net 表示网络机构。

(2) 第 2 级域名:是指在第 1 级域名之下的域名。

(3) 第 3 级域名:一般表示企业或网站的名称。

(4) 第 4 级域名:一般表示服务器名称,例如 www 为 web 服务器,ftp 为 FTP 服务器。

例如 www. ynufe. edu. cn 域名中：www 为 web 服务器,ynufe 表示云南财经大学,
edu 表示教育机构,cn 表示中国。

在 DNS 服务中,诸如 www. sohu. com 称为全域名(FQDN：Fully Qualified Domain
Name),全域名可以从逻辑上准确地表示出主机在什么地方,也可以说全域名是主机名的
一种完全表示形式。

注意：域名和主机名只能用字母 a~z(在 Windows 服务器中大小写等效)、数字 0~9
和连线组成。其他特殊字符如连接符、斜杠、句点和下划线都不能用于表示域名和主
机名。

2. 查询方法

DNS 服务的查询方法有两种：递归查询和迭代查询。

- 递归查询：一般是由客户机向 DNS 服务器发出的查询。客户机发出查询请
  求,DNS 服务器必须给出一个明确的答复。要么是查询成功；要么是查询
  失败。
- 迭代查询：一般是 DNS 服务器之间的查询。如果本地的 DNS 服务器不知道答
  复,它就要向其他 DNS 服务器提出查询请求,直到获得所需的答复。所以,从服
  务器发出的查询是迭代查询。

例如,某单位的一台客户机要访问外网的一台域名为 www. ynufe. edu. cn 的 Web 服
务器,其 DNS 解析全过程如下。

(1) 客户机将查询 www. ynufe. edu. cn 的信息传递到自己的首选 DNS 服务器。

(2) DNS 客户机的首选 DNS 服务器检查区域数据库,由于此服务器没有 ynufe.
edu. cn 域的授权记录,因此,它将查询信息传递到根域 DNS 服务器,请求解析主机
名称。

(3) 根域 DNS 服务器把负责解析 com 顶级域的 DNS 服务器的 IP 地址返回给 DNS
客户机的首选 DNS 服务器。

(4) 首选 DNS 服务器将请求发送给负责 com 域的 DNS 服务器。

(5) 负责 com 域的服务器根据请求将负责 ynufe. edu. cn 域的 DNS 服务器的 IP 地
址返回给首选 DNS 服务器。

(6) 首选 DNS 服务器向负责 ynufe. edu. cn 区域的 DNS 服务器发送请求。

(7) 由于此服务器具有 www. ynufe. edu. cn 的记录,因此它将 www. ynufe. edu. cn
的 IP 地址返回给首选 DNS 服务器

(8) 客户机的首选 DNS 服务器将 www. ynufe. edu. cn 的 IP 地址发送给客户机。

(9) 域名解析成功后,客户机将 http 请求发送给 Web 服务器。

(10) Web 服务器响应客户机的访问请求,客户机便可以访问目标主机。

12.4.2 安装 DNS 服务

用户在安装活动目录时,可以选择同时安装 DNS 服务器,也可以通过"Windows 组件向导"来单独安装 DNS 服务器。安装 DNS 服务的步骤如下。

(1) 配置服务器的静态 IP 地址,如图 12-22 所示。

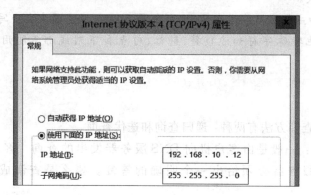

图 12-22　配置服务器的静态 IP 地址

(2) 打开 Windows Server 2012 的"服务器管理器",选择"管理"→"添加角色和功能"菜单,如图 12-23 所示。

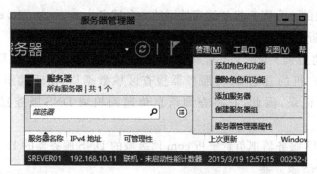

图 12-23　服务器管理器窗口

(3) 进入"添加角色和功能向导"窗口界面,选择"安装类型"中的"基于角色或基于功能的安装",如图 12-24 所示。

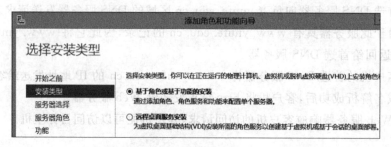

图 12-24　选择安装类型

（4）进入"添加角色和功能向导"的"服务器选择"窗口界面，选择"从服务器池中选择服务器"，并且选中服务器的 IP 地址项，如图 12-25 所示。

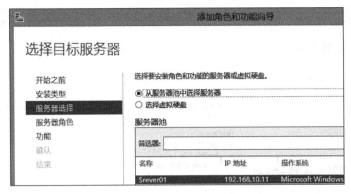

图 12-25　服务器选择

（5）进入"添加角色和功能向导"的"服务器角色"窗口界面，选择"DNS 服务器"复选框，添加 DNS 服务之后会弹出对话框，默认情况下，直接选择添加功能就可以了，如图 12-26 所示。

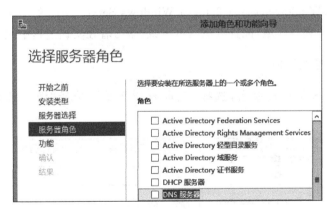

图 12-26　DNS 服务器选择

（6）进入"添加角色和功能向导"的"服务器角色"窗口界面，确认 DNS 安装的内容，如图 12-27 所示；然后，单击"安装"按钮，开始安装 DNS 服务。

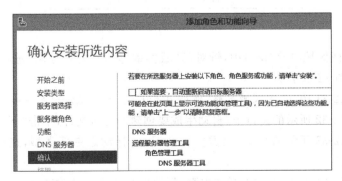

图 12-27　确认 DNS 安装内容

（7）等待一段时间，DNS 服务即可安装完成，如图 12-28 所示。如果安装没有问题，那么在工具中便可看到 DNS 选项。

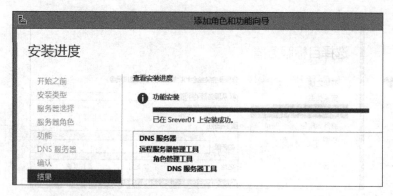

图 12-28　DNS 安装成功

12.4.3　DNS 服务器配置方法

一般情况下，Windows Server 2008 与 Windows Server 2012 的 DNS 服务器的"正向查找区域"和"反向查找区域"配置方法基本一致，学习者在实训过程中注意比较。

1. 创建正向查找区域

（1）打开 DNS 管理控制台，选择"正向查找区域"，选择"新建区域"，如图 12-29 所示。

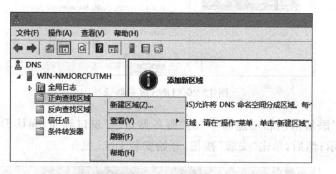

图 12-29　新建区域

（2）在"新建区域向导"窗口中，针对"区域类型"选择"主要区域"选项，并且单击"下一步"按钮，如图 12-30 所示。

（3）在图 12-31 中，输入区域名称，例如 dengping.com，单击"下一步"按钮。

（4）在图 12-32 所示的窗口中，自动生成要创建的区域文件，单击"下一步"按钮。

（5）在图 12-33 所示的窗口，根据实际情况，选择动态更新类型，选择类型后，单击"下一步"按钮。

（6）在图 12-34 所示窗口中，单击"完成"按钮，即可完成新建区域。

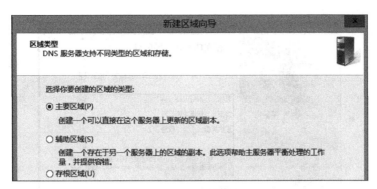

图 12-30　区域类型选择

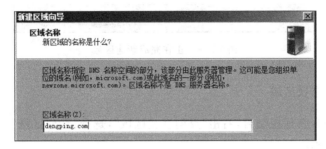

图 12-31　设置区域名称

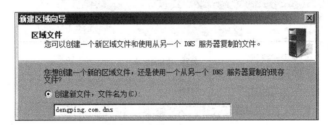

图 12-32　创建区域文件

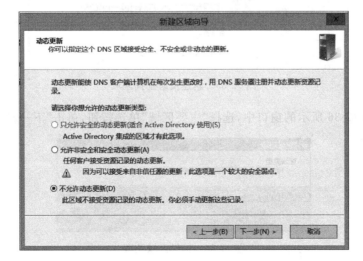

图 12-33　动态更新选择

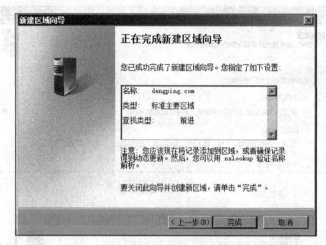

图 12-34　正在完成新建区域

2. 创建反向查找区域

（1）打开 DNS 管理控制台,右击"反向查找区域",选择"新建区域",单击"下一步"按钮,如图 12-35 所示。

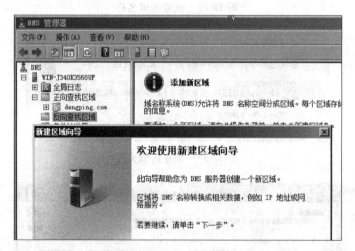

图 12-35　新建反向查找区域

（2）在图 12-36 所示的窗口中,选择"主要区域"单选按钮,单击"下一步"按钮。

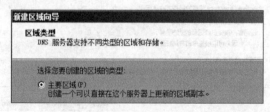

图 12-36　选择区域类型

（3）在图 12-37 所示的窗口中，选择"IPv4 反向查找区域"，单击"下一步"按钮。

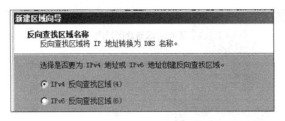

图 12-37　IPv4 和 IPv6 反向查找区域选择

（4）在图 12-38 所示的窗口中，输入网络 ID，单击"下一步"按钮。

图 12-38　网络 ID 的设置

（5）自动生成反向查找区域文件，见图 12-39，单击"下一步"按钮。

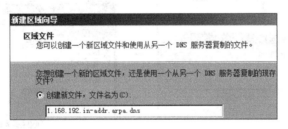

图 12-39　创建反向查找区域文件

（6）在图 12-40 所示的窗口中，根据实际情况，选择是否允许动态更新，选定后，单击"下一步"按钮。

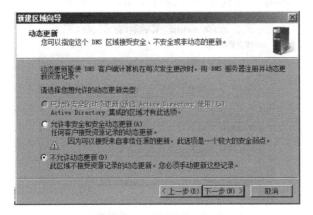

图 12-40　动态更新类型

(7) 单击"完成"按钮,完成新建反向查找区域,如图12-41所示。

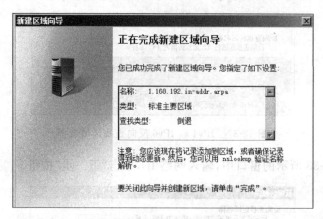

图12-41　正在完成新建区域

(8) 创建主机记录,为公司的 Web 服务器创建一个域名到 IP 地址之间的正向解析的主机记录,如图12-42所示。

(9) 创建别名记录,如图12-43所示。

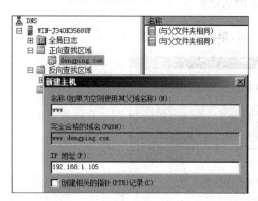

图12-42　新建主机

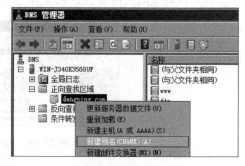

图12-43　新建别名

(10) 为公司的邮件服务器创建 MX 邮件交换记录,如图12-44所示。

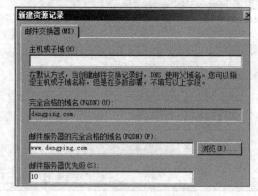

图12-44　创建 MX 邮件交换记录

(11) 为反向查找区域创建反向 PTR 指针记录,如图 12-45 所示。

图 12-45　创建 PTR 指针记录

(12) 使用 DNS 客户机来验证各种资源记录。

12.4.4　DNS 的转发器功能

当 DNS 服务器在接收到 DNS 客户端的查询请求后,它将在所管辖区域的数据库中寻找是否有该客户端的数据。如果该 DNS 服务器的区域中没有该客户端的数据(在 DNS 服务器所在管辖区域数据库中没有该 DNS 客户端所查询的主机名)时,该 DNS 服务器需要转向其他的 DNS 服务器进行查询。

DNS 服务器可以解析自己区域文件中的域名,对于本服务器查询不了的域名,默认情况下是将直接转发查询请求到根域 DNS 服务器。除此之外还有一种方法,在 DNS 服务器上设置转发器将请求转发给其他 DNS 服务器。

12.4.5　域名解析顺序

(1) 本机缓存。

(2) 本机 Hosts 文件。

(3) DNS 服务器。

显示本机 DNS 缓存命令:ipconfig/displaydns;清除本机 DNS 缓存命令:ipconfig/flushdns;本机 Hosts 文件存放位置:％SystemRoot％\system32\drivers\etc。

实训任务 23　Web 服务器的配置与管理

1. 实训目的

(1) 掌握 Web 服务器的安装。

(2) 掌握 Web 服务器的相关配置。

（3）掌握 Web 站点和虚拟目录的区别。

（4）掌握网站环境的搭建。

2. 实训器材

（1）64 位 PC 一台。

（2）Windows Server 2012 网络操作系统的光盘或者其 ISO 镜像安装源文件。

（3）Virtual PC 或者 VMware Workstation。

3. 实训说明

（1）在 64 位 PC 上安装 Virtual PC 或者 VMware Workstation 虚拟机软件。

（2）虚拟机或者在专业服务器上配置 Web 服务器。

4. 实训内容和步骤

（1）启动 IIS 服务器管理控制台，如图 12-46 所示。

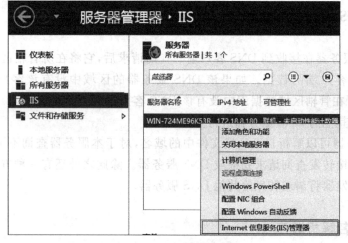

图 12-46 实训任务 23 示例 1

（2）启动界面如图 12-47 所示。

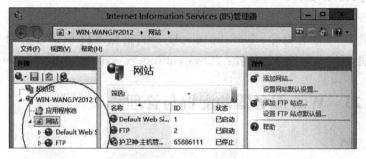

图 12-47 实训任务 23 示例 2

（3）右击"网站"，如图 12-48 所示。

图 12-48　实训任务 23 示例 3

（4）将网站名称输入进去，选择文件路径选择到 web 文件这一层就行，如果端口 80 占用了修改一下端口号就行，如图 12-49 所示。

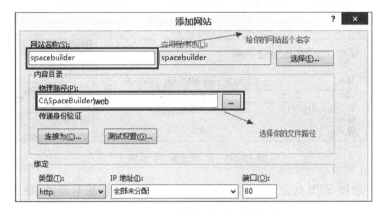

图 12-49　实训任务 23 示例 4

（5）Web 站点测试。

5. 实训要求

本次实训后小结，需要写清楚实训操作过程中出现的问题，以及解决办法。

实训任务 24　FTP 服务器的配置与管理

1. 实训目的

（1）掌握 FTP 服务器的安装。

（2）掌握 FTP 服务器的相关配置。

（3）掌握 Windows 内置的 FTP 服务与第三方 FTP 服务软件的区别。

2. 实训器材

（1）64 位 PC 一台。

（2）Windows Server 2012 网络操作系统的光盘或者其 ISO 镜像安装源文件。

（3）Virtual PC 或者 VMware Workstation。

3. 实训说明

（1）在 64 位 PC 上安装 Virtual PC 或者 VMware Workstation 虚拟机软件。

（2）在虚拟机或者在专业服务器上配置 FTP 服务器。

4. 实训内容和步骤

（1）单击 IIS 管理器窗口右侧的"添加 FTP 站点"，如图 12-50 所示。

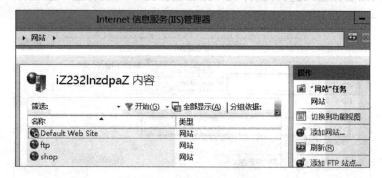

图 12-50　实训任务 24 示例 1

　　（2）进入"添加 FTP 站点"窗口：配置 IP 地址及端口等基本设置，是否选择 SSL 项（一般情况下建议不使用），如图 12-51 所示。

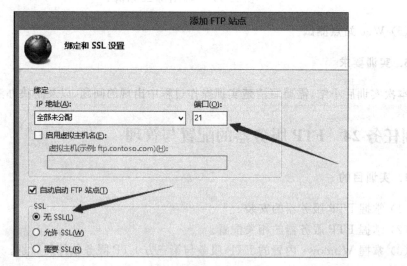

图 12-51　实训任务 24 示例 2

（3）如果需要对账户与密码进行管理：就从"控制面板"→"管理工具"→"计算机管理"中找到"本地用户和组"并"新建用户"（密码就是设置 FTP 密码），如图 12-52 所示。

图 12-52　实训任务 24 示例 3

（4）新建用户后，在 FTP 站中右击，选择"编辑权限"，在图 12-52 中选择"编辑"，然后添加图 12-53 中新建的用户，并给予"修改与写入的权限"。

图 12-53　实训任务 24 示例 4

（5）如果按图 12-52 和图 12-53 两步设置用户，在图 12-54 中将匿名去掉，指定用户。

图 12-54　实训任务 24 示例 5

(6) 完成相关配置后,需要重启 FTP 服务,否则会连接不上 FTP。也可在"控制面板"→"管理工具"中找到"服务",也可以重启服务器来完成 FTP 服务的重启,如图 12-55 所示。

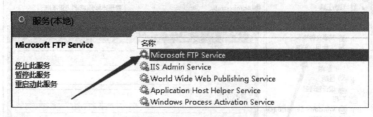

图 12-55　实训任务 24 示例 6

(7) FTP 站点测试。

5. 实训要求

本次实训后小结,需要写清楚实训操作过程中出现的问题,以及解决办法。

思考习题

1. 为静态网站与动态网站配置 Web 服务器有何差别?

2. DNS 的解析的工作原理是什么?

3. 校外的网站为什么用域名地址可以访问?

4. FTP 的工作原理是什么?

5. Windows 系统自带的 FTP 服务与第三方软件 Serv-U FTP 软件有什么异同?

6. 若是企业级网络,一般在实际网络工程中,是采用 Windows 系统的 DHCP 服务功能配置网络,还是采用三层交换机配置 DHCP 或路由器上配置 DHCP? 哪种情况更适合企业级网络全网自动分配 IP?

参 考 文 献

1. CISCO SYSTEMS 公司，CISCO NETWORKING ACADEMY PROGRAM. 思科网络技术学院教程 CCNP1 高级路由[M]. 2 版.颜凯等译.北京：人民邮电出版社,2006.

2. CISCO SYSTEMS 公司 ,CISCO NETWORKING ACADEMY PROGRAM. 思科网络技术学院教程 CCNP2 远程接入[M].2 版.颜凯等译. 北京：人民邮电出版社,2006

3. CISCO SYSTEMS 公司，CISCO NETWORKING ACADEMY PROGRAM. 思科网络技术学院教程 CCNP3 多层交换[M]. 2 版.颜凯等译. 北京：人民邮电出版社,2006.

4. Jeff Doyle，Jennifer Dehaven Carroll. TCP/IP 路由技术(第 1 卷)[M]. 葛建立等译. 北京：人民邮电出版社,2007.

5. 张翼等.计算机网络技术实训教程[M].2 版.北京：北京师范大学出版社,2009.

6. 李春林. 计算机网络技术[M]. 北京：国防工业出版社,2010.

7. 黎连业等.网络综合布线系统与施工技术[M].4 版.北京：机械工业出版社,2011.

8. 梁广民等. 思科网络实验室 CCNP(路由技术)实验指南[M]. 北京：电子工业出版社,2012.

9. 谢希仁等. 计算机网络[M]. 6 版. 北京：电子工业出版社,2013.

10. 黄君羡等.Windows Server 2012 网络服务器配置与管理[M].北京：电子工业出版社,2014.

11. 雷震甲等. 网络工程师教程[M]. 4 版. 北京：清华大学出版社,2014.

12. Sam Halabi. Internet 路由结构[M].2 版. 北京：人民邮电出版社,2015.